建筑信息模型（BIM）技术应用系列新形态教材

数字建造BIM应用教程 ——建筑机电建模

庞建军　赵秋雨　主　编

U0227709

清华大学出版社

北京

内 容 简 介

本书共 10 章，主要介绍 BIM 技术特点、Revit 软件简介和发展趋势；Revit 软件入门基础；Revit 视图控制和管理；给排水管道设计；通风及空调管道设计；消防工程设计；Revit 新项目的创建等内容。本书以实际项目为例，结合 Revit 软件和红瓦快速建模软件等，全面系统地介绍机电安装建模的方法和技巧。希望通过学习本书，读者能够具备 BIM 机电安装的建模能力，了解出图设置的方法。

本书内容翔实、图文并茂、语言简洁、思路清晰、实例丰富，既可以作为相关院校的教材，也可以作为设计者、施工现场工程师、BIM 初学者的自学指导用书。

图书在版编目（CIP）数据

数字建造 BIM 应用教程：建筑机电建模 / 庞建军，赵秋雨主编 . — 北京：清华大学出版社，2023.1
建筑信息模型（BIM）技术应用系列新形态教材
ISBN 978-7-302-62453-0

Ⅰ.①数… Ⅱ.①庞… ②赵… Ⅲ.①建筑工程－机电设备－计算机辅助设计－应用软件－教材 Ⅳ.① TU85-39

中国国家版本馆 CIP 数据核字（2023）第 016976 号

责任编辑：杜　晓
封面设计：曹　来
责任校对：李　梅
责任印制：杨　艳

出版发行：清华大学出版社
　　　　　网　　　址：http://www.tup.com.cn, http://www.wqbook.com
　　　　　地　　　址：北京清华大学学研大厦 A 座　　　　　邮　　编：100084
　　　　　社 总 机：010-83470000　　　　　　　　　　　邮　　购：010-62786544
　　　　　投稿与读者服务：010-62776969, c-service@tup.tsinghua.edu.cn
　　　　　质量反馈：010-62772015, zhiliang@tup.tsinghua.edu.cn
　　　　　课件下载：http://www.tup.com.cn, 010-83470410
印 装 者：三河市龙大印装有限公司
经　　销：全国新华书店
开　　本：185mm×260mm　　　印　　张：16.25　　　字　　数：372 千字
版　　次：2023 年 3 月第 1 版　　　　　　　　　　印　　次：2023 年 3 月第 1 次印刷
定　　价：56.00 元

产品编号：100122-01

前　言

建筑信息模型（Building Information Modeling，BIM）是一种数字信息的应用，作为建筑业信息化的重要组成部分，必将极大促进建筑领域生产方式的变化。从近几年BIM技术的高速发展及迅猛的推广速度来看，必会对整个建筑行业的科技进步与转型升级产生不可估量的影响。利用BIM技术可以显著提高建筑工程的工作效率，并大大降低风险的发生率。同时，还可以模拟实际的建筑行为以及四维模拟实际施工，以便在早期设计阶段发现后期真正施工阶段可能会出现的各种问题，进行提前处理，为后期活动打下坚固的基础。2015年6月，住房和城乡建设部印发的《关于推进建筑信息模型应用的指导意见》充分肯定了BIM应用的重要性。

如今越来越多的高校对BIM技术有了一定的认识并积极进行实践，其中，培养BIM技术人才成为建筑类院校人才培养方案改革的方向。通过学习BIM概念，认识BIM在项目管理全过程中的应用；再结合本专业人才培养方向与核心业务能力进行BIM技术相关的应用能力培养。本书为新形态教材，书中部分配套微课、图纸等素材，读者可以扫描二维码获取。

本书对接省级工程造价高水平专业群教材建设，坚持产教融合、校企合作，共育建筑领域BIM数字化人才，为助力学校专业群建设和技能人才培养，服务经济社会发展贡献力量。

本书为江苏城乡建设职业学院工程造价省级高水平专业群立项建设项目（项目编号：ZJQT21002312）。本书由江苏城乡建设职业学院庞建军、赵秋雨担任主编，江苏城乡建设职业学院俞慧、江苏天启控股集团有限公司李强、常嘉建设集团有限公司曹阳、上海红瓦信息科技有限公司张楹弘等参与了本书编写工作。具体编写分工为：第1~3章、第5章和第6章由庞建军编写，第4章由赵秋雨编写，第7章由俞慧编写，第8章由李强编写，第9章由曹阳编写，第10章由张楹弘编写。全书由庞建军统稿。

本书的编写得到了江苏城乡建设职业学院、江苏天启控股集团有限公司、常嘉建设集团有限公司、上海红瓦信息科技有限公司和方桥数智（常州）建筑科技有限公司等的大力支持。本书在编写过程中，得到了江苏城乡建设职业学院王慧萍、杨涛、姜瑞杰、陆亭妤、樊伟、林梦晨等人的大力帮助，在此表示诚挚的谢意！

本书在编写过程中，参考了大量的文献，在此表示衷心的感谢。限于编者的水平与经验，书中难免有不妥之处，敬请广大读者批评指正。

编　者
2022年9月

目　录

第1章　BIM 和 Revit

【思维导图】

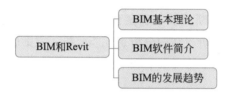

【教学目标】

> 通过学习本章 BIM 技术和 Revit 的基本知识，了解 BIM 技术的基本概念，掌握 BIM 的主要特征，了解 BIM 技术在土木、建筑工程的应用与发展趋势。

【教学要求】

能力目标	知识目标	权重
了解 BIM 基本理论	BIM 基本理论知识	15%
掌握 BIM 定义和主要特征	BIM 定义和主要特征	70%
了解 BIM 技术的发展趋势	BIM 技术的发展趋势	15%

1.1　BIM 基本理论

1.1.1　BIM 概述

BIM（Building Information Modelling）即建筑信息模型，是一种以三维数字技术为基础，集成建筑工程项目各种信息，应用于建筑项目全生命周期信息管理的数字化工具，是支持工程信息管理最强大的工具之一。

BIM 技术于 20 世纪 70 年代首次由美国乔治亚理工学院的 Chuck Eastman 提出，Eastman 认为建筑信息模型集成了所有的几何信息、功能要求和单元性能，同时可以将项目全生命周期内的所有信息集成到一个建筑模型中。

BIM 将建筑项目的所有信息纳入一个三维的数字化模型中，这个模型不是静态的，而是随着建筑生命周期的不断发展而逐步演进的。从前期方案到详细设计、施工图设计、建造和运营维护等各个阶段的信息都可不断集成到模型中，因此 BIM 就是真实建筑物在计算机中的数字化记录。

当设计、施工和运营等各方人员需要获取建筑信息时，例如，需要图纸、材料统计和施工进度等，都可从该模型中快速提取出来。BIM 由三维 CAD 技术发展而来，但它的目标比 CAD 更为高远。如果说 CAD 是为了提高建筑师的绘图效率，那么 BIM 则致力于改善建筑项目全生命周期的性能表现和信息整合。

从技术上说，BIM 将建筑信息整合到一个模型文件中，无论是建筑的平面图、剖面图还是门窗明细表，这些图形或报表都是从模型文件中实时动态生成出来的，可理解成数据库的一个视图。因此，无论在模型中进行何种修改，所有相关的视图都会实时动态更新，从而保证所有数据的一致和最新，从根本上消除了 CAD 图形修改时版本不一致的现象。

随着建筑业信息化的不断发展，现在 BIM 技术可以创建虚拟建筑模型、可视化建筑组件，还可以用于碰撞分析、结构分析、耗能分析、方案展示和模拟施工等方面，从而避免了失误和返工，提高了管理水平和工作效率。

1.1.2 BIM 软件概述

BIM 技术作为当下最热门的建筑信息技术，广泛应用于建设项目的各个阶段。BIM 技术的发展应用离不开软件的支撑，开展 BIM 上下游协同工作，需要多种软件共同使用。BIM 软件类型如图 1-1 所示。

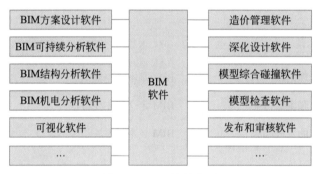

图 1-1　BIM 软件类型

BIM 作为一种三维数字化新技术，具体体现在图 1-2 所示的 BIM 设计模式中。

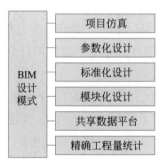

图 1-2　BIM 设计模式

1.1.3　BIM 主要特征

Revit 和 BIM 之间的区别在于 BIM 是一个流程，也是一种方法，使项目团队能够与技术人员进行交互，从而在 AEC（Architecture，Engineering & Construction，建筑、工程和施工）市场中提供更出色的项目结果；而 Revit 是一个旨在促进该流程的软件平台。Revit 中的工具专为支持 BIM 而设计，用户可以使用其中存储的信息创建结构化智能模型。

虽然 3D CAD 建模和 BIM 这两个流程都提供建筑和基础设施的几何表达式，但 BIM 流程不仅局限于几何体，而且能捕获真实世界建筑组件所固有的关系、元数据和行为。这些数据与 BIM 生态系统技术相结合，以三维建模无法实现的方式推动项目成果的改善。

CAD 和 BIM 流程都使用图形表示捕获和传达 AEC 项目的设计和施工意图，从而帮助利益相关者了解需要构建什么以及如何构建。BIM 使设计和施工团队能够利用他们的技术投资完成更多工作。BIM 流程还支持在 AEC 项目的全生命周期中创建和管理信息，方法是将所有多领域设计和施工文档整合至公用数据集中。由于数据能够以多种表示形式（从二维到三维再到表格）访问，因此，与传统 CAD 方法相关联的不同数据源相比，这些信息更容易访问和获取。

BIM 主要特征如下。

1. 可视化

BIM 可视化是指一种所见即所得的展示形式，能够在同构件之间形成互动性和反馈性，使项目全生命周期管理均在可视化的状态下进行。

2. 一体化

一体化是指 BIM 技术贯穿工程项目全生命周期的一体化管理。

（1）设计阶段。以 BIM 为核心，将整个设计整合到一个共享的建筑信息模型中，促进设计施工的一体化过程。

（2）施工阶段。BIM 可以同步提供施工过程中的建筑质量、进度和成本等信息。利用 BIM 可以实现整个施工周期的可视化模拟与可视化管理。

（3）运营管理阶段。提高收益和成本管理水平，为用户提供了极大的透明度和便利。

3. 参数化

参数化建模是指通过参数或变量而不是数字建立和分析模型。

BIM 参数化建模可以概括为"参数化图元"和"参数化修改引擎"两个部分。"参数化图元"即 BIM 软件中图元以构件的形式出现，构件之间的差异可以通过参数的调整进行表达，参数保存了图元的所有信息；而"参数化修改引擎"即用户对构件参数进行改动后，与构件关联部分的数据会自动同步发生改变，如图 1-3 所示。

4. 仿真性

（1）建筑性能分析仿真。在设计阶段，将基于 BIM 虚拟建筑模型导入相关性能分析软件即可得到相应分析结果。性能分析主要包括能耗分析、光照分析、设备分析和绿色分析等。

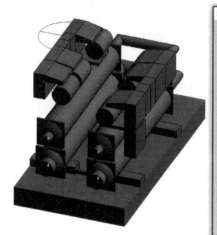

图 1-3 螺杆式冷水机组-WSHP 族类型属性信息

（2）施工仿真。在施工阶段，基于 BIM 可进行施工方案模拟、工程量自动计算和施工组织设计优化等仿真。

（3）运维仿真。采用 BIM 技术实现对建筑物设备的搜索、定位和信息查询等功能。此外还可以对能源使用情况进行监控与管理，通过传感器在管理系统中进行信息收集，通过能源管理系统对能源消耗情况进行统计分析，并对异常情况进行预警。

5. 优化性

BIM 及与其配套的各种优化工具为复杂项目的优化提供了可能，在各个专业都可以利用 BIM 技术进行深化设计。BIM 与 GIS 技术结合可以使用户更加直观地了解工程项目的整体情况；BIM 与 VR/AR 技术结合可以使用户沉浸式模拟复杂技术工艺；BIM 与 IoT（物联网）技术结合可以使用户在电子终端实时查看项目实施动态，实现智慧化管理。

6. 协调性

BIM 系统作为建筑模型信息平台，为设计者、施工方和业主之间搭建了完善的沟通桥梁，并为工程项目的参与方提供了大量具有实质性意义的数据与资料，实现了建设项目的信息共享和协同工作。

7. 可出图性

运用 BIM 技术，不仅能够进行建筑平面、立面、剖面及详图的输出，同时还可以出具碰撞报告、管线空间布局图和构件加工图等，从而更加直观地指导项目建设。

8. 信息完备性

信息完备性体现在 BIM 技术可对工程对象及完整的工程信息进行描述，为项目参与方提供详尽完善的数据平台。

1.2 BIM 软件简介

1.2.1 欧特克系列软件

欧特克有限公司（以下简称"欧特克"或"Autodesk"）是一家二维和三维设计、

工程与娱乐软件公司，为制造业、工程建设行业、基础设施业以及传媒娱乐业提供数字化设计、工程与娱乐软件服务和解决方案。

（1）Autodesk Revit。针对工业与民用建筑，Autodesk 公司推出了 Revit 系列软件。Revit 软件基于 BIM 技术，给用户带来了创新的生产力工具。它既是高效率的设计与制图工具，同时也能够解决多专业设计协同的困扰，通过信息共享改善整个项目的设计流程。更有价值的是，使用 Revit 软件建立的信息模型还可用于建筑的全面分析，包括结构的可靠性分析、建筑节能分析和成本的概预算分析等。这样的信息模型，还可给下游行业提供帮助，例如，进行施工进度计划安排或者虚拟施工，也可为物业管理提供更好的掌控全局的工具。

（2）AutoCAD Navisworks。Navisworks 的功能特性和使用方式，可使包括施工、运营和总包等在内的各个项目参与方都能有效地利用三维模型，并参与到整个模型的创建和审核过程中，从而使设计人员在项目设计、投标和建造等各个阶段和环节都能有效地发挥三维模型的优势。

（3）AutoCAD Civil 3D。除建筑行业的 Revit 软件外，Autodesk 公司还推出了针对土木工程行业的软件。Civil 3D 的设计理念与 Revit 软件非常相似，是基于三维动态的土木工程模型，它所服务的领域包括勘察测绘、场地规划设计、道路和水利工程等。无论是参数化设计和自动更新特性，还是自动从模型生成图纸和报表，Civil 3D 都能充分利用信息化模型提高生产力。

（4）Autodesk Ecotect。Autodesk Ecotect 是全面的概念式建筑性能分析软件。它提供了丰富的仿真和分析功能，包括日照、热能、遮阳、采光、气流和声学分析等，帮助建筑师在设计的早期阶段就能够借助简单的三维模型，快速了解建筑的性能表现，探讨各个设计元素对建筑性能的影响，从而创造一个更加可持续发展的未来。

1.2.2 红瓦软件

上海红瓦信息科技有限公司（以下简称"红瓦科技"）是一家面向工程建设行业，专注于 BIM 软件开发的企业。

（1）族库大师。能够帮助用户方便快捷地获取在建筑设计或创建 BIM 时所需要的"族"文件。族库大师能够辅助企业 BIM 部门，管理在项目中所创建的各种类型"族"，积累成为企业的 BIM 标准数据库，提高企业 BIM 的创建效率和标准化程度。

（2）建模大师（通用）。能够辅助 Autodesk Revit 用户提高建模效率，缩短建模周期。建模大师能够缩减 BIM 建模的时间及成本，促进 BIM 技术的普及以及在更广泛领域的应用。

（3）建模大师（建筑）。可以实现自动化、半自动化建模，提升 BIM 建模效率，缩短建模周期。

（4）建模大师（机电）。能够根据已经设计完成的 CAD 平面图纸快速制作成 Revit 模型。根据国内实际的建模习惯和需求，其他的快速建模功能模块做了专门的功能开发处理，支持批量处理大量构件的创建或修改工作。软件支持机电专业中的暖通、给排水、消防和电气专业。

（5）建模大师（钢结构）。能够辅助 Autodesk Revit 用户提高钢结构建模效率，缩短钢结构建模周期。软件中包含的 CAD 转化模块能够根据已经设计完成的 CAD 平面图纸快速转化成 Revit 模型。根据国内实际的设计规范以及用户的建模习惯和需求，节点功能模块进行了专门的功能开发处理，方便用户快速创建各种类型的节点。能够极大地缩短 BIM 钢结构建模的时间，减少人力成本，促进钢结构 BIM 技术的普及与应用。

1.3 BIM 的发展趋势

随着城市的建设发展，绿色建筑、智慧城市是建筑业高效节能发展的必然趋势，建筑工业化则是实现这一必然趋势的有效途径之一。BIM 技术被广泛研究和应用于建筑业，有力推动着建筑工业化进程。

BIM 的发展必将给建筑业带来新的革命。随着 BIM 研究和应用的不断深入，建筑业的分工将进一步细化，并能够实现三维环境下的协同设计、管理和运维。成熟的 BIM 技术将形成内容完整、应用广泛、性能更优的建筑信息模型。

未来将实现高水平的虚拟现实技术，实现建筑工程全生命周期管理。随着通信技术和计算机技术的不断发展，建筑业的效率势必不断提高，BIM 技术预计将有以下四大发展趋势。

1. 移动端的应用

随着互联网和移动终端的普及，人们可以随时随地获取信息。在建筑施工领域，如施工监理等人员在未来将配备这些移动设备，可以在工作现场进行指导。

BIM 作为大数据的载体，借助信息管理系统为企业运营和项目管理提供有价值的决策依据。相信随着科技的不断发展进步，BIM 终将成为建筑领域高效率增长的引擎，再次焕发建筑业的无限活力。

2. 无线传感器的普及

将监控、无线传感器放置在建筑物的各个角落，对建筑物内的湿度、空气质量和温度等进行监控，结合供暖、通风和供水等控制信息，帮助工程师充分了解建筑物的综合情况，从而使设计和施工决策方案更加有效合理。

3. 数字化、云计算的应用

数字化、云计算的应用可以通过激光扫描桥梁、道路等工程区域信息，获得早期的一手数据。设计师可以在这种浸入交互式的三维空间中进行工作。结构分析、能耗分析通过云计算强大的计算能力进行处理和分析，甚至渲染和分析过程可以达到实时的计算，帮助设计师在诸多不同的设计和解决方案之间进行实时比较，择优而选。

4. 扁平化协同模式

扁平化协同模式要建设完善的 BIM 实施方案，必须通过制订协同工作流程，可以将原设计师、工程师、承包商和业主的协同变成扁平化的管理风格，实现成果共享、各方参与，使 BIM 可以在项目生命周期内实现总价值的最大化。

BIM 的应用与发展壮大，已经改变了建筑业传统的生产和施工模式，为工程项目的生产和管理提供了大量的数据信息。

学习笔记

本章微课

Revit 插件（红瓦软件）介绍

第 2 章　Revit 入门基础

> 通过学习本章 Revit 的基础知识，了解 Revit 基本术语，熟悉 Revit 的用户界面操作和文件管理，掌握 Revit 基本命令操作和快捷键设置，为后续系统学习 Revit 打下坚实的基础。

能力目标	知 识 目 标	权重
了解 Revit 基本术语	项目、图元、类别、族、类型、实例等	15%
熟悉 Revit 用户界面操作	功能区、快速访问工具栏、项目浏览器、类型选择器、状态栏、选项栏、视图控制栏等	20%
熟悉 Revit 文件管理等知识	新建文件、打开已有文件等操作	15%
掌握 Revit 基本命令、快捷键设置	选择图元、过滤图元、编辑图元、快捷键	50%

2.1　Revit 基本术语

在使用 Revit 工作时，经常使用到的术语有类别、族和类型等。了解这些术语的含义后，在工作过程中可以快速地理解各种技术文件，提高工作效率。

2.1.1　项目

初次使用 Revit 软件，系统会要求用户先建立一个项目，以方便在此基础上工作。

Revit 中的项目是单个设计信息数据库模型，用于设计模型的构件（如墙、门窗、管道和设备等）项目视图及设计图纸。

建立单个项目文件后，用户在项目中对设计项目进行各种修改，并可将修改反映在所有相互关联的区域，如对平面视图执行修改操作后，立面视图、剖面视图以及明细表等的信息都会同步被修改，如此可以提高工作效率。

2.1.2　图元

Revit 的图元分为三种类型，即模型图元、视图专用图元和基准图元，如图 2-1 所示。

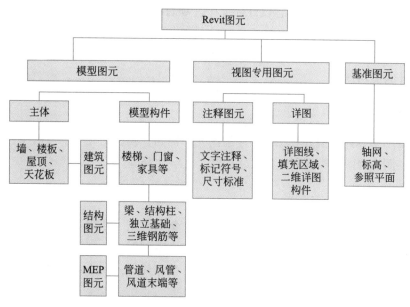

图 2-1　Revit 图元构成

1. 模型图元

模型图元代表建筑的实际三维几何图形，如墙体、风管等。在 Revit 中，按照类别、族和类型对模型图元进行分级，三者关系如图 2-2 所示。

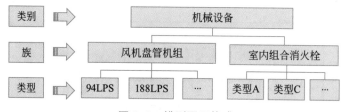

图 2-2　模型图元构成

2. 视图专用图元

视图专用图元仅显示在放置这些图元的视图中，对模型图元进行描述或者归类，如尺寸标注、标记等。

3. 基准图元

基准图元协助定义视图范围，如轴网、标高和参照平面。

1）轴网

轴网可划定有限平面，在立面视图中通过拖曳来调整其范围，使其不与标高线相交。轴网分为直线轴网和弧形轴网。

2）标高

转换至立面视图或者剖面视图，可放置标高。标高既可以用来定义建筑内的垂直高度或者楼层，也可以用来标识屋顶、楼板和顶棚等，它是以楼层为主体的图元的参照数据。

3）参照平面

参照平面可以为精确定位、绘制轮廓线等提供辅助，分为二维参照平面和三维参照平面。三维参照平面显示在概念设计环境中。项目中的参照平面显示在各楼层平面中，三维视图中不显示参照平面。

参数化是 Revit 图元的最大特点，作为实现协调、修改和管理功能的基础，极大地提高了设计的灵活性。

2.1.3 类别

类别是用来设计建模或者归档的一组图元。例如，模型图元类别包括风管附件及机械设备等，而注释图元类别则包括尺寸标注、文字注释等。

2.1.4 族

一个图元类别中的类，是根据参数（属性）集的共用、使用上的"相同"和图形表示的"相似"来对图元进行分组的。由于一个族中不同图元的部分或者全部属性可能会有不同的值，但其属性的设置（即名称与含义）是相同的，如冷水机组作为一个族可以有不同的尺寸及制冷量。

2.1.5 类型

族有多个类型，类型用来表示同一族中的不同参数（属性）值。例如，"系统族：基本墙"族中，根据不同的形状和参数，可以分为"常规 -200mm""常规 -300mm""外部 - 带砖与金属立筋龙骨复合墙"等，如图 2-3 所示。

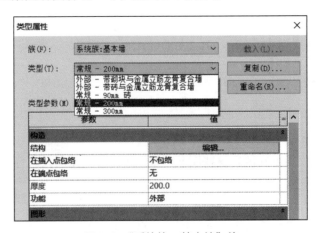

图 2-3 "系统族：基本墙"族

在"系统族：基本墙"族中，不同类型墙的属性参数也不同，如图 2-4 和图 2-5 所示。

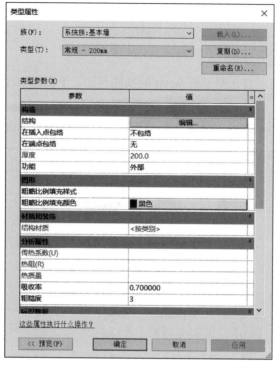

图 2-4　常规 –200mm　基本墙的属性参数

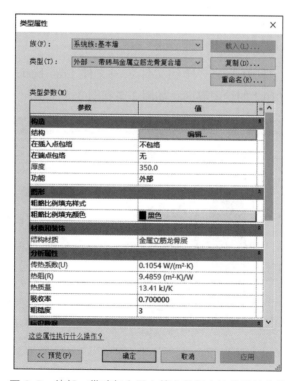

图 2-5　外部 – 带砖与金属立筋龙骨复合墙的属性参数

2.1.6 实例

实例指放置在项目文件中的实际项，即单个图元，在模型实例（建筑）和注释实例（图纸）中都有实例的特定位置。

2.2 Revit 的用户界面

在学习 Revit 之前，首先要了解 Revit 的操作界面。下面以 Revit 2019.2 用户界面为例进行说明。

单击桌面上的 Revit 2019.2 图标，进入 Revit 2019.2 界面，如图 2-6 所示。

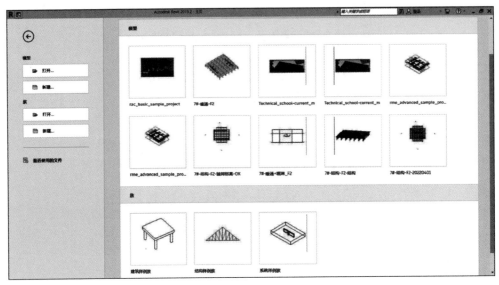

图 2-6　Revit 2019.2 界面

单击"文件"→"打开"→"样例文件"→文件（rac_basic_sample_project.rvt），进入 Autodesk Revit 2019.2 的绘图界面，如图 2-7 和图 2-8 所示。

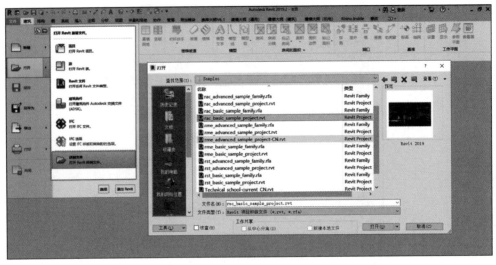

图 2-7　Revit 2019.2 绘图界面（1）

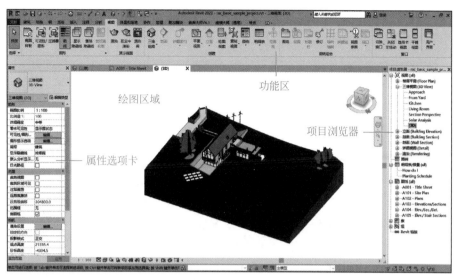

图 2-8　Revit 2019.2 绘图界面（2）

Revit 操作界面是执行显示、编辑图形等操作的区域。

2.2.1　"文件"程序菜单

"文件"程序菜单中提供了常用的文件操作，如"新建""打开""保存"等工具管理文件。单击"文件"，打开文件程序菜单，如图 2-9 所示。"文件"程序菜单无法在功能区中移动。要查看每个菜单项的选择项，应单击其右侧的箭头，打开下一级菜单，再单击所需的选项进行操作，也可以直接单击程序菜单中左侧的常用按钮执行默认的操作。

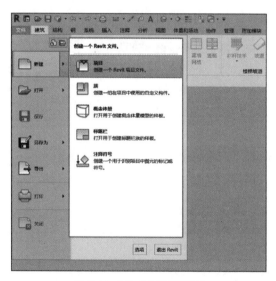

图 2-9　"文件"程序菜单

2.2.2　快速访问工具栏

在主界面左上角图标的右侧有一排工具图标，即快速访问工具栏，用户可以直接单击相应的按钮进行命令操作。

单击快速访问工具栏上的"自定义快速访问工具栏"按钮，可以对该工具栏进行自定义。选中命令在快速访问工具栏上显示，取消选中命令则隐藏，如图 2-10 所示。

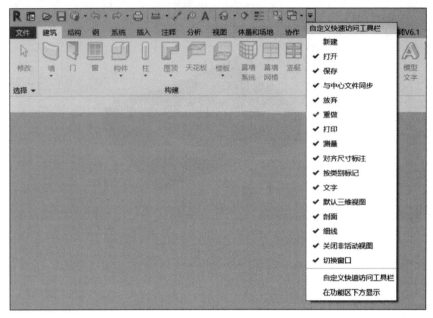

图 2-10　快速访问工具栏

2.2.3　功能区

功能区位于快速访问工具栏的下方，是创建建筑设计项目所有工具的集合。Revit 将这些命令工具按类别放在不同的选项卡面板中，如图 2-11 和图 2-12 所示。

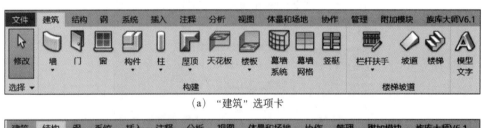

（a）"建筑"选项卡

（b）"结构"选项卡

（c）"系统"选项卡

图 2-11　功能区"建筑""结构""系统"选项卡

（a）"注释"选项卡

（b）"视图"选项卡

（c）"管理"选项卡

图 2-12　功能区　"注释""视图""管理"选项卡

功能区包含功能区选项卡、上下文功能区选项卡和面板等部分。其中，每个选项卡都将其命令工具细分为几个面板进行集中管理。当选择某图元或者激活某个命令时，系统将在功能区选项卡后添加相应的上下文选项卡，且该上下文选项卡中列出了与该图元或命令相关的所有命令工具，用户不必再在下拉菜单中逐级查找与该图元相关的命令。

创建或打开文件时，功能区会显示系统提供的创建项目或族所需的全部工具。在调整窗口的大小时，功能区中的工具会根据可用的空间自动调整大小。每个选项卡集成了相关的操作工具，方便用户使用。用户可以单击功能区选项卡后面的　按钮控制功能的展开与收缩。

（1）修改功能区。单击功能区选项卡右侧的向下箭头，系统提供了三种功能区的显示方式，分别为"最小化为选项卡""最小化为面板标题""最小化为面板按钮"，如图 2-13 所示。

（2）移动面板。面板可以在绘图区浮动，方法是在面板中按住鼠标左键并拖动，将其放置到绘图区域或桌面上即可，如图 2-14 所示。将鼠标指针放在浮动面板的右上角，显示"将面板返回到功能区"，如图 2-15 所示，单击此处，使它变为"固定"面板。将鼠标指针移动到面板上，此时显示一个夹子，拖动该夹子到所需位置，即可移动面板。

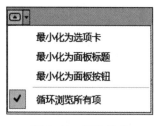

图 2-13　下拉菜单

图 2-14　移动面板

（3）展开面板。面板标题旁的箭头表示该面板可以展开，单击箭头显示相关的工具和控件，如图 2-16 所示。默认情况下单击面板以外的区域时，展开的面板会自动关闭。

单击图钉按钮，面板在其功能区选项卡显示期间始终保持展开状态。

图 2-15 "固定"面板

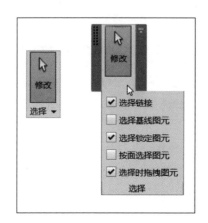

图 2-16 展开面板

（4）上下文功能区选项卡。使用某些工具或者选择图元时，上下文功能区选项卡中会显示与该工具或图元的上下文相关的工具，如图 2-17 所示。退出该工具或清除选择时，该选项卡将关闭。

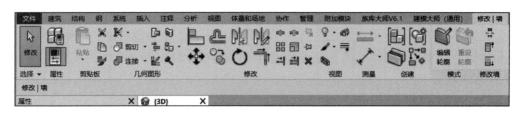

图 2-17 上下文功能区选项卡

2.2.4 "属性"选项板

"属性"选项板是一个无模式对话框，通过该对话框，可以查看和修改用来定义图元属性的参数。

项目浏览器下方的浮动面板即为"属性"选项板。当选择某图元时，"属性"选项板会显示该图元的图元类型和属性参数等，如图 2-18 所示。

1. 类型选择器

选项板上面一行的预览框和类型名称即图元类型选择器。用户可以单击右侧的下拉箭头，从列表中选择已有的、合适的构件类型直接替换现有类型，而不需要反复修改图元参数，如图 2-19 所示。

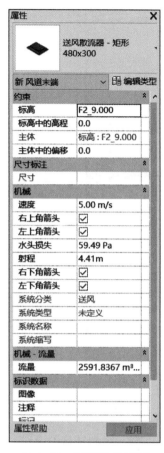

图 2-18　"属性"选项板

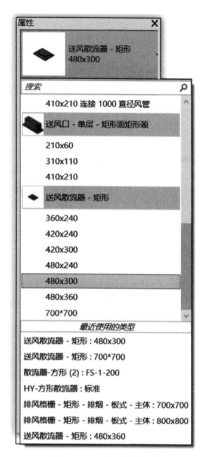

图 2-19　类型选择器

2. "属性"过滤器

"属性"过滤器用来标识由工具放置的图元类别或者标识绘图区域中所选图元的类别和数量。如果选择了多个类别或类型，则选项板上仅显示所有类别或类型所共有的实例属性。当选择了多个类别时，使用过滤器的下拉列表可以仅查看特定类别或视图本身的属性。

3. "编辑类型"按钮

单击"编辑类型"按钮，打开相关的"类型属性"对话框，用户可以复制、重命名对象类型，并可以通过编辑其中的类型参数值改变与当前选择图元同类型的所有图元的外观尺寸等，如图 2-20 所示。

4. 实例属性

在大多数情况下，"属性"选项板中既可显示由用户编辑的实例属性，又可显示只读实例属性。当某属性的值由软件自动计算或赋值，或者取决于其他属性的设置时，该属性是只读属性，不可编辑。

2.2.5　项目浏览器

Revit 将所有可访问的视图和图纸等都放置在项目浏览器中进行管理，使用项目浏览器可以方便地在各视图之间进行切换操作。

图 2-20 "类型属性"对话框

项目浏览器用于组织和管理当前项目中包含的所有信息。

项目浏览器包括项目中的所有视图、明细表、图纸、族、组和链接的 Revit 模型等项目资源。

Revit 按逻辑层次关系组织这些项目资源,当展开和折叠各分支时,系统将显示下一层级的内容,如图 2-21 所示。

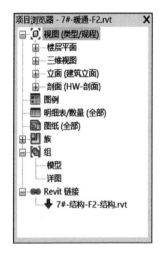
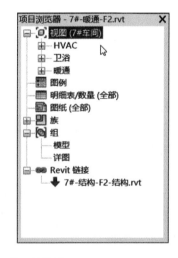

图 2-21 项目浏览器

(1)打开视图。双击视图名称打开视图,也可以在视图名称上右击弹出快捷菜单,选择"打开"命令打开视图,如图 2-22 所示。

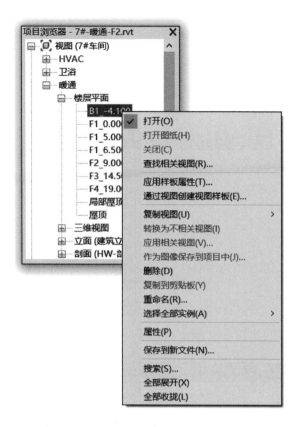

图 2-22　打开视图

（2）打开放置了视图的图纸。在视图名称上右击弹出快捷菜单，选择"打开图纸"命令，打开放置了视图的图纸。如果快捷菜单中的"打开图纸"选项不可用，一个原因是视图未放置在图纸上，另一个原因是视图是明细表或是可放置在多个图纸上的图例视图。

（3）将视图添加到图纸中。将视图名称拖曳到图纸名称上或拖曳到绘图区域中的图纸上。

（4）从图纸中删除视图。右击图纸名称下的视图名称，在弹出的快捷菜单中单击"从图纸中删除"命令删除视图。

（5）单击"视图"选项卡"窗口"面板中的"用户界面"按钮，打开如图 2-23 所示的下拉列表，选中"项目浏览器"复选框。如果取消选中"项目浏览器"复选框或单击项目浏览器顶部的"关闭"按钮，则隐藏项目浏览器。

（6）拖曳项目浏览器的边框调整项目浏览器的大小。在 Revit 窗口中拖曳浏览器移动时会显示一个轮廓，在该轮廓指示浏览器将移动到的位置时松开鼠标，将浏览器放置到所需位置，还可以将项目浏览器从 Revit 窗口拖曳到桌面。

2.2.6　视图控制栏

视图控制栏位于视图窗口的底部，状态栏的上方，它可以控制当前视图中模型的显示状态，如图 2-24 所示。

图 2-23　下拉列表

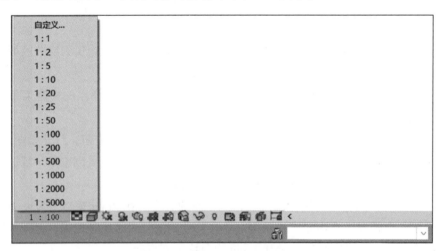

图 2-24　视图控制栏

（1）比例 1：100。指在图纸中用于表示对象的比例。可以为项目中的每个视图指定不同的比例，也可以创建自定义视图比例。

单击"比例"图标打开比例列表，选择需要的比例，也可以单击"自定义 …"选项，打开"自定义比例"对话框输入比例，如图 2-25 所示。

图 2-25　比例

> **注意：**不能将自定义比例应用于该项目中的其他视图。

（2）详细程度 。可根据视图比例设置新建视图的详细程度，包括粗略、中等和精细三种程度。当在项目中创建新视图并设置其视图比例后，视图的详细程度将会自动根据表格中的排列进行设置。通过预定义详细程度，可以影响不同视图比例下同一几何图形的显示，如图 2-26 所示。

图 2-26　详细程度

（3）视觉样式 ⬚。可以为项目视图指定许多不同的图形样式，如图 2-27 所示。

图 2-27　视觉样式

① 线框。显示绘制了所有边和线而未绘制表面的模型图像。视图显示线框视觉样式时，可以将材质应用于选定的图元类型。这些材质不会显示在线框视图中，但是表面填充的图案仍会显示。

② 隐藏线。控制隐藏线在二维视图和三维视图中的显示。

③ 着色。显示处于着色模式下的图像，而且具有显示间接光及其阴影的选项。

④ 一致的颜色。显示所有表面都按照表面材质颜色设置进行着色的图像。该样式会保持一致的着色颜色，使材质始终以相同的颜色显示，而无论以何种方式都将其定向到光源。

⑤ 真实。可在模型视图中即时显示真实材质外观。旋转模型时，表面会显示在各种照明条件下呈现的外观。

> **注意：**"真实"视觉视图中不会显示人造灯光。

⑥ 光线追踪。该视觉样式是一种照片级真实感渲染模式，该模式允许用户平移和缩放模型。

（4）打开 / 关闭日光路径 ⬚。控制日光路径的可见性。在一个视图中打开或关闭日光路径时，其他视图不受影响。

（5）打开 / 关闭阴影 ⬚。控制阴影的可见性。在一个视图中打开或关闭阴影时，其他视图不受影响。

（6）显示 / 隐藏渲染对话框 ⬚。单击此按钮，打开"渲染"对话框，可进行照明、分辨率、背景和图像质量的设置，如图 2-28 所示。

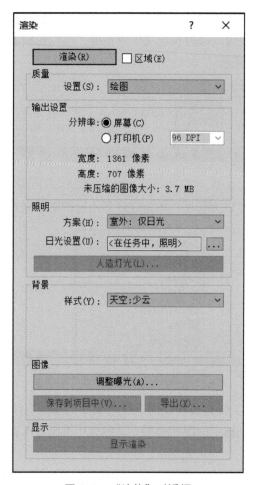

图 2-28 "渲染"对话框

（7）裁剪视图 📷。定义了项目视图的边界。在所有图形项目视图中显示模型裁剪区域和注释裁剪区域。

（8）显示 / 隐藏裁剪区域 📷。可以根据需要显示或隐藏裁剪区域。在绘图区域中，选择裁剪区域，则会显示注释裁剪和模型裁剪。内部裁剪是模型裁剪，外部裁剪是注释裁剪。

（9）解锁 / 锁定三维视图 🔒。锁定三维视图的方向，可在视图中标记图元并添加注释。包括保存方向并锁定视图、恢复方向并锁定视图和解锁视图三个选项。

①保存方向并锁定视图。将视图锁定在当前方向。在该模式中无法动态观察模型。

②恢复方向并锁定视图。将解锁的、旋转方向的视图恢复到其原来锁定的方向。

③解锁视图。解锁当前方向，从而允许定位和动态观察三维视图。

（10）临时隐藏 / 隔离 🕶。使用"隐藏"工具可在视图中隐藏所选图元，使用"隔离"工具可在视图中显示所选图元并隐藏所有其他图元。

（11）显示隐藏的图元 💡。临时查看隐藏的图元或将其取消隐藏。

（12）临时视图属性 📷。包括启用临时视图属性、临时应用样板属性、最近使用的模板和恢复视图属性四种视图选项。

（13）显示 / 隐藏分析模型 。可以在任何视图中显示分析模型。

（14）高亮显示位移集 。单击此按钮，启用高亮显示模型中所有位移集的视图。

（15）显示约束 。在视图中临时查看尺寸标注和对齐约束，以修改模型中的图元。"显示约束"绘图区域将显示一个彩色边框，使指示处于"显示约束"模式。所有约束都以彩色显示，而模型图元以半色调（灰色）显示。

2.2.7　状态栏

状态栏在屏幕的底部，如图 2-29 所示。状态栏会提供要执行的有关操作的提示。高亮显示图元或构件时，状态栏会显示族和类型的名称。

图 2-29　状态栏

（1）工作集。显示处于活动状态的工作集。

（2）编辑请求。对于共享项目，表示尚未决定的编辑请求数。

（3）设计选项。显示处于活动状态的设计选项。

（4）仅活动项。用于过滤所选内容，以便选择活动的设计选项构件。

（5）选择链接。可在已链接的文件中选择链接和单个图元。

（6）选择底图图元。可在底图中选择图元。

（7）选择锁定图元。可选择锁定的图元。

（8）通过面选择图元。可通过单击某个面选中某个图元。

（9）选择时拖曳图元。不用先选择图元就可以通过拖曳操作移动图元。

（10）后台进程。显示在后台运行的进程列表。

（11）过滤。用于优化在视图中选定的图元类别。

2.2.8　View Cube

View Cube 默认在绘图区的右上方。通过 View Cube 可以在标准视图和等轴测视图之间进行切换。

（1）单击 View Cube 上的某个角，可以根据模型的三个侧面定义的视口将模型的当前视图重定向到 3/4 视图；单击其中一条边缘，可以根据模型的两个侧面将模型的视图重定向到 1/2 视图；单击相应面，将视图切换到相应的主视图。

（2）如果从某个面视图中查看模型时 View Cube 处于活动状态，则四个正交三角形会显示在 View Cube 附近。使用这些三角形可以切换到某个相邻的面视图。

（3）单击或拖动 View Cube 中指南针的东、南、西、北字样，可切换到西南、东南、西北和东北等方向视图，或者绕上视图旋转到任意方向视图。

（4）单击"主视图"图标，不管视图目前是何种视图，都会恢复到主视图方向。

（5）从某个面视图查看模型时，两个滚动箭头按钮会显示在 View Cube 附近。单击图标，视图以 90° 逆时针或顺时针旋转。

（6）单击"关联菜单"按钮 ，打开如图 2-30 所示的关联菜单。

图 2-30　关联菜单

① 转至主视图。恢复随模型一起保存的主视图。

② 保存视图。使用唯一的名称保存当前的视图方向。此选项只允许在查看默认三维视图时使用唯一的名称保存三维视图。如果查看的是以前保存的正交三维视图或透视（相机）三维视图，则视图仅以新方向保存，而且系统不会提示用户提供唯一名称。

③ 锁定到选择项。当视图方向随 View Cube 发生更改时，使用选定对象可以定义视图的中心。

④ 透视 / 正交。在三维视图的平行和透视模式之间进行切换。

⑤ 将当前视图设置为主视图。根据当前视图定义模型的主视图。

⑥ 将视图设定为前视图。在下拉菜单中定义前视图的方向，并将三维视图定向到该方向。

⑦ 重置为前视图。将模型的前视图重置为其默认方向。

⑧ 显示指南针。显示或隐藏围绕 View Cube 的指南针。

⑨ 定向到视图。将三维视图设置为项目中的任何平面、立面、剖面或三维视图的方向。

⑩ 确定方向。将相机定向到北、南、东、西、东北、西北、东南、西南或顶部。

⑪ 定向到一个平面。将视图定向到指定的平面。

2.2.9　导航栏

Revit 提供了多种视图导航工具，可以对视图进行平移和缩放等操作，它们一般位于绘图区右侧。用于视图控制的导航栏是一种常用的工具集。视图导航栏在默认情况下为 50% 透明显示，不会遮挡视图。它包括"控制盘"和"缩放工具"两大工具，如图 2-31 所示。

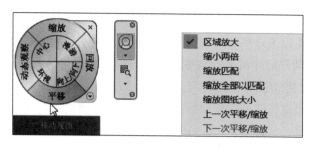

图 2-31　导航栏

1. 控制盘

通过控制盘可以在专门的导航工具之间快速切换。每个控制盘都被分成不同的按钮。每个按钮都包含一个导航工具，用于重新定位模型的当前视图。

单击控制盘右下角的"显示控制盘菜单"按钮，打开如图 2-32 所示的控制盘菜单，菜单中包含了所有全导航控制盘的视图工具。单击"关闭控制盘"选项关闭控制盘，也可以单击控制盘上的"关闭"按钮关闭控制盘。

图 2-32　控制盘菜单

全导航控制盘中各个工具按钮的含义如下。

（1）平移。单击此按钮并按住鼠标左键拖动即可平移视图。

（2）缩放。单击此按钮并按住鼠标左键不放，系统将在指针位置放置一个绿色的球体，把当前指针位置作为缩放轴心。此时，拖动鼠标即可缩放视图，且轴心随着指针位置进行变化。

（3）动态观察。单击此按钮并按住鼠标左键不放，同时在模型的中心位置将显示绿色轴心球体。此时，拖动鼠标即可围绕轴心点旋转模型。

（4）回放。利用该工具可以从导航历史记录中检索以前的视图，并可以快速恢复到以前的视图，还可以滚动浏览所有保存的视图。单击"回放"按钮并按住鼠标左键不放，此时向左侧移动鼠标即可滚动浏览以前的导航历史记录。若要恢复到以前的视图，只要在该视图记录上松开鼠标左键即可。

（5）中心。单击此按钮并按住鼠标左键不放，指针将变为一个球体，此时拖动鼠标到某构件模型上松开，放置球体，即可将该球体作为模型的中心位置。

（6）环视。利用该工具可以沿垂直和水平方向旋转当前视图，且旋转视图时，人的视线将围绕当前视点旋转。单击此按钮并按住鼠标左键拖动，模型将围绕当前视图的位置旋转。

（7）向上 / 向下。利用该工具可以沿模型的 Z 轴调整当前视点的高度。

（8）漫游。使用"漫游"工具可以在模型中导航，就好像正在模型中漫游一样。启动"漫游"工具后，在视图中心附近会显示"中心圆"图标，此时可向要移动的方向拖动鼠标来漫游整个模型。

2. 缩放工具

缩放工具包括区域放大、缩小两倍、缩放匹配、缩放全部以匹配和缩放图纸大小等。

（1）区域放大。放大所选区域内的对象。

（2）缩小两倍。将视图窗口显示的内容缩小到原来的 1/2。

（3）缩放匹配。在当前视图窗口中自动缩放以显示所有对象。

（4）缩放全部以匹配。缩放以显示所有对象的最大范围。

（5）缩放图纸大小。将视图自动缩放为实际打印大小。

（6）上一次平移 / 缩放。显示上一次平移或缩放结果。

（7）下一次平移 / 缩放。显示下一次平移或缩放结果。

2.2.10　绘图区域

Revit 窗口中的绘图区域显示当前项目的视图以及图纸和明细表，每次打开项目中的某一视图时，默认情况下此视图会显示在绘图区域中其他打开的视图的上面。其他视图仍处于打开的状态，但是这些视图在当前视图的下面。

> **提示**
>
> 绘图区域的背景颜色默认为白色。

2.2.11　信息中心

该工具栏包括一些常用的数据交互访问工具，如利用图 2-33 所示信息中心可以访问许多与产品相关的信息源。

图 2-33　信息中心

搜索：在搜索框中输入要搜索信息的关键字，然后单击"搜索"按钮，可以在联机帮助中快速查找信息。

练习 2-1：Revit 项目文件基本操作

【操作步骤】

（1）打开项目范例文件。单击"文件"→"打开"→"样例文件"→文件（rac_basic_sample_project.rvt）。

（2）打开 / 关闭属性对话框和项目浏览器。单击"视图"→"窗口"面板中的"用户界面"按钮，如图 2-34 所示。

（3）单击"文件"菜单中的"选项"按钮，设置绘图区域背景颜色为"黑色"，如图 2-35 所示。

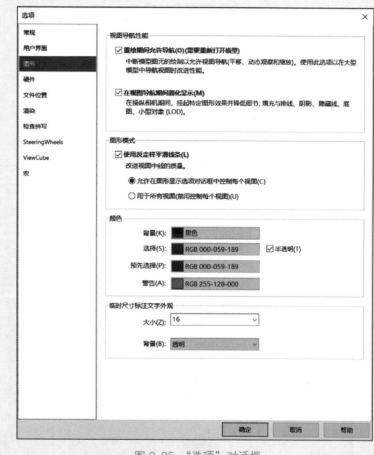

图 2-34　"用户界面"
　　　　　按钮

图 2-35　"选项"对话框

提示

"选项"对话框内还可设置项目文件保存时间、视图打开时的选项、文件保存位置、快捷键查询等。

（4）自定义快速访问工具栏显示在功能区下方。

（5）单击"管理"→"设置"面板中的"项目信息"按钮，查看项目基本信息，如图 2-36 所示。

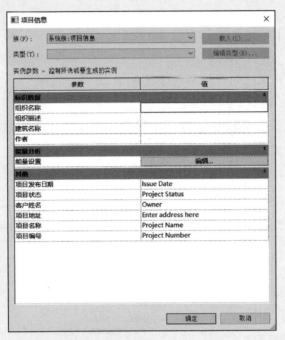

图 2-36 "项目信息"对话框

（6）单击"管理"→"设置"面板中的"项目参数"按钮，查看项目参数，如图 2-37 所示。

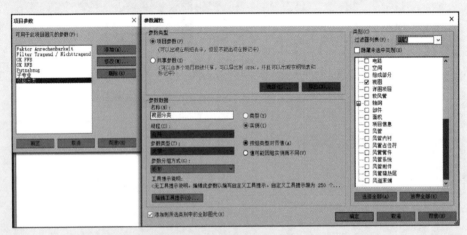

图 2-37 "项目参数"对话框

（7）查看项目浏览器组织，如图 2-38～图 2-40 所示。

（8）查看属性对话框，如图 2-41 所示。

（9）查看实例属性。选中一段矩形风管，在左侧"属性"对话框中显示风管的宽度、高度和底部高程等，如图 2-42 所示。

图 2-38　项目浏览器

图 2-39　浏览器组织

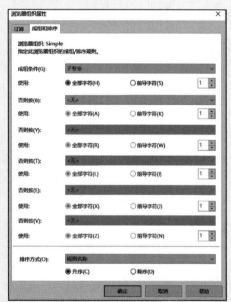

图 2-40　项目浏览器组织属性对话框

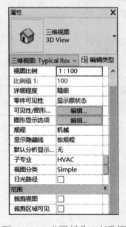

图 2-41　"属性"对话框

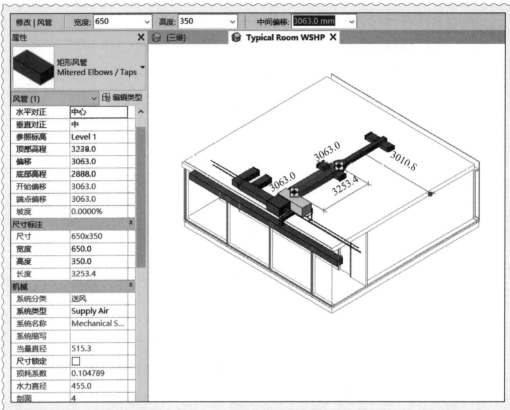

图 2-42　查看实例属性

（10）单击"视图"→"图形"面板中的"可见性/图形"按钮，勾选可见性栏中的"测量点"和"项目基点"选项，查看项目基点和测量点，如图 2-43 所示。

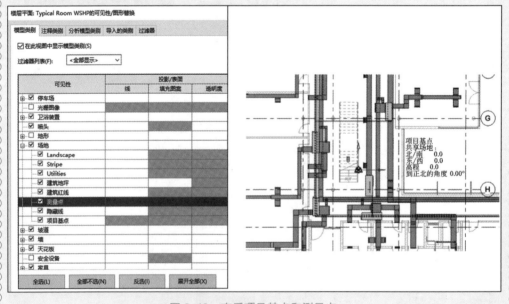

图 2-43　查看项目基点和测量点

（11）查看楼层平面视图，如图 2-44 所示。

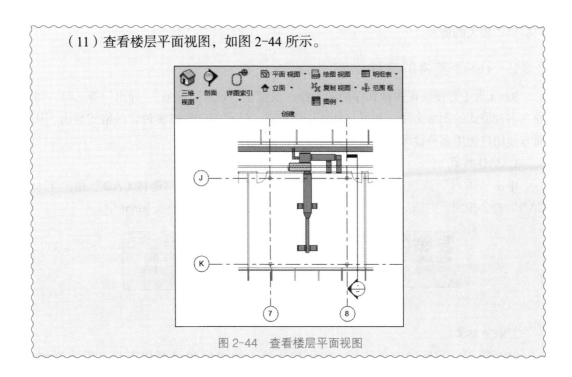

图 2-44　查看楼层平面视图

2.3　Revit 文件格式

2.3.1　基本的文件格式

Revit 基本的文件格式有以下四种类型，在保存文件时可以根据需要进行选择。

1. .rte 文件

.rte 是 Revit 的项目样板文件格式，在文件中包含项目单位、标注样式、文字样式、线型、线宽、线样式和导入 / 导出设置等。用户以项目样板为模板新建图形文件后，即可在系统预先设定好的内部标准下展开设计工作。

系统的各项参数可以根据用户的实际需求进行更改，更改后执行"另存为"操作，可保存为自定义样板文件。

2. .rvt 文件

.rvt 是项目文件格式，包含项目的模型、注释、视图和图纸等内容，一般基于项目样板文件（即 .rte 文件）来创建，操作完成后另存为 .rvt 文件，作为设计所使用的项目文件。

3. .rfa 文件

.rfa 是外部族的文件格式，Revit 中的电气设备、机械设备、给水排水设备、管道配件和管道附件等文件都以 .rfa 格式保存。

4. .rft 文件

.rft 是外部族的样板文件格式，创建不同的构件族、注释符号族和标题栏时要选择不同的族样板文件。

此外，Revit 支持的文件格式有多种类型，为的是方便与其他软件进行交流，为用户提供了极大的便利。

2.3.2 Revit 支持的文件格式

Revit 为了方便实现多种软件协同工作，设置了"导入""链接""导出"等工具，可导入多种格式的图形文件，并可与外部创建链接，还可将文件以多种文件格式导出，从而方便用户使用多种设计及管理工具实现自己的设计意图。

1. CAD 格式

单击"插入"选项卡，在"链接"与"导入"面板中有"链接 CAD"和"导入 CAD"命令按钮，如图 2-45 所示。可以将外部 CAD 图形文件导入 Revit 中。

图 2-45 "链接"与"导入"面板

2. SKP 格式

SKP 是 SketchUp 的文件格式，SketchUp 是一种建模和可视化工具。因为 Revit 不支持 SKP 文件的链接，因此应该在 SketchUp 中完成图形的设计后，再将其导入 Revit 中。

3. ACIS 对象

ACIS 对象包含在 DWG、DXF 和 SAT 文件中，用来描述实体或经过修剪的表面。Revit 支持的 ACIS 对象包括平面、球面、圆环面、圆柱、圆锥、椭圆柱、椭圆锥、拉伸表面、旋转表面和 NURB 表面等类型。

ACIS 对象中的 NURB 表面类型在导入 Revit 时，需要将其导入至"常规模型族"或者"体量族"中。

4. ADSK 格式

ADSK 格式是一种基于 XML 的数据交换格式，可以在 Inventor、Revit、AutoCAD 和 Civil 3D 等软件之间进行数据交互。

5. IFC 格式

IFC 是"Industry Foundation Class"的缩写形式，是行业基础类的文件格式，是由国际协同工作联盟（IAI）组织制定的建筑工程数据交换标准，为不同软件应用程序之间的协同问题提供解决方案。

6. 图像

在 Revit 中可以导入光栅图像，如 .bmp、.png 格式的图像。选择"插入"→"导入"→"图像"按钮导入指定格式的图像文件。

7. gbXML 文件

在 gbXML 中，"gb"是"Green Building"的缩写形式，"XML"是"Extensible Markup Language"的缩写形式。综合来说，gbXML 是绿色建筑可扩展的标记语言，包含了项目所有的建筑构件数据。

单击"插入"→"导入"面板中的"导入 gbXML"按钮，在"导入 gbXML"对话框中选择文件，单击"打开"按钮，即可导入文件。

2.4　文件管理

2.4.1　新建文件

单击"文件"→"新建"右侧的箭头，打开"新建"菜单，如图 2-46 所示，用于创建项目文件、族文件和概念体量等。

图 2-46　"新建"菜单

下面以新建项目文件为例介绍新建文件的步骤。

（1）单击"文件"→"新建"→"项目"命令，打开"新建项目"对话框，如图 2-47 所示。

图 2-47　"新建项目"对话框

（2）在"样板文件"下拉列表中选择样板，也可以单击"浏览"按钮，打开"选择样板"对话框，如图 2-48 所示，选择需要的样板，单击"打开"按钮，打开样板文件。

图 2-48 "选择样板"对话框

（3）在"新建项目"对话框中选择"项目"选项，单击"确定"按钮，创建一个新的项目文件。

在 Revit 中，项目是整个建筑设计的联合文件。建筑的所有标准视图、建筑设计图以及明细表都包含在项目文件中，只要修改模型，所有相关的视图、施工图和明细表也会随之自动更新。

2.4.2 打开文件

单击"文件"→"打开"右侧的箭头，打开"打开"菜单，如图 2-49 所示。"打开"菜单用于打开项目文件、族文件、IFC 文件和样例文件等。

（1）项目。单击此命令，打开"打开"对话框，在对话框中可以选择要打开的 Revit 项目文件和族文件。

核查：扫描、检测并修复模型中损坏的图元。此选项会大大增加打开模型所需的时间。

从中心分离：独立于中心模型而打开工作共享的本地模型。

新建本地文件：打开中心模型的本地副本。

（2）族。单击此命令，打开"打开"对话框，可以打开软件自带族库中的族文件或用户自己创建的族文件，如图 2-50 所示。

（3）Revit 文件。单击此命令，可以打开 Revit 所支持的文件，如 *.rvt、*.rfa、*.adsk 和 *.rte 文件，如图 2-51 所示。

（4）建筑构件。单击此命令，可在对话框中选择要打开的 Autodesk 交换文件。

图 2-49　"打开"菜单

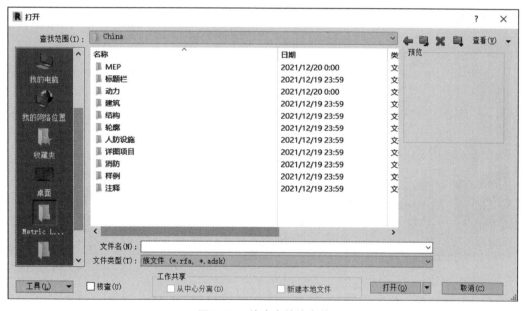

图 2-50　族库中的族文件

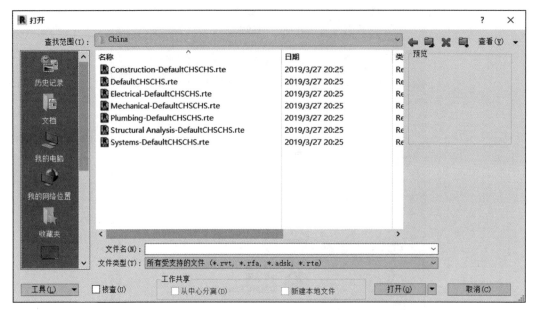

图 2-51 Revit 所支持的文件

（5）IFC。单击此命令，在对话框中可以打开 IFC 类型文件，如图 2-52 所示。IFC 文件格式含有模型的建筑物或设施，也包括空间的元素、材料和形状。IFC 文件通常用于 BIM 工业程序之间的交互。

图 2-52 "打开 IFC 文件"对话框

（6）IFC 选项。单击此命令，打开"导入 IFC 选项"对话框，在对话框中可以设置 IFC 类型名称对应的 Revit 类别，如图 2-53 所示。此命令只有在打开 Revit 的状态下才可以使用。

（7）样例文件。单击此命令，打开"打开"对话框，可以打开软件自带的样例项目文件和族文件，如图 2-54 所示。

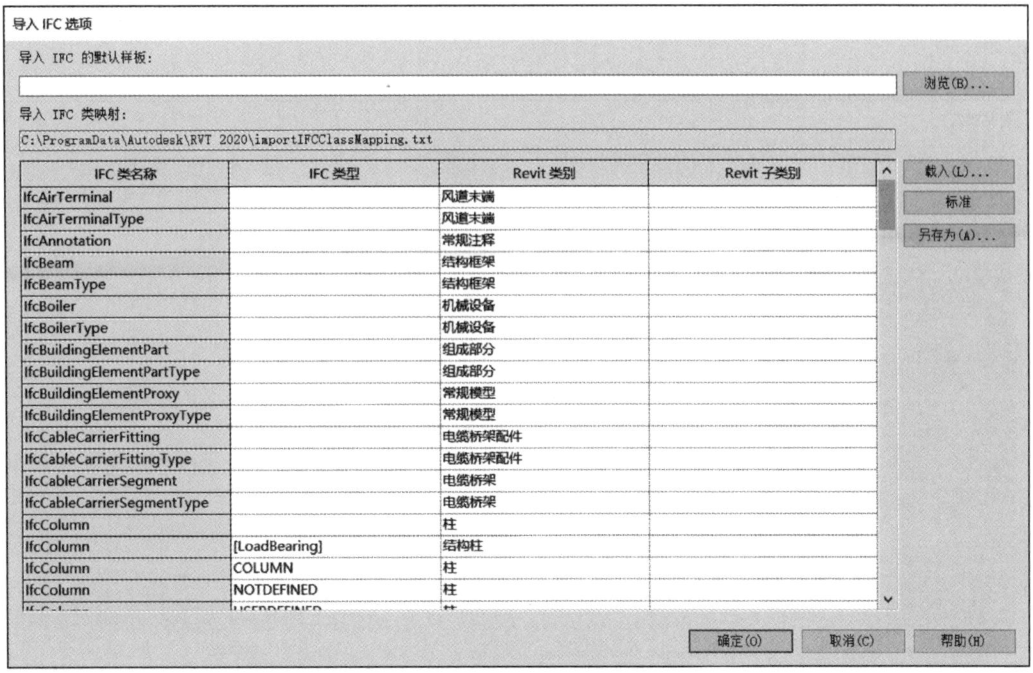

图 2-53　"导入 IFC 选项"对话框

图 2-54　Revit 自带的项目文件和族文件

2.4.3　保存文件

单击"文件"→"保存"命令，可以保存当前项目、族文件和样板文件等。若文件已经命名，则 Revit 自动保存；若文件未命名，则系统打开"另存为"对话框，如图 2-55 所示，用户可以命名保存。在"保存于"下拉列表中可以指定保存文件的路径；在"文件类型"下拉列表中可以指定保存文件的类型。为了防止因意外操作或计算机系统故障导致正在绘制的图形文件丢失，可以对当前图形文件设置自动保存。

图 2-55 "另存为"对话框

单击"选项"按钮，打开"文件保存选项"对话框，如图 2-56 所示，可以指定备份文件的最大数量以及与文件保存相关的其他设置。

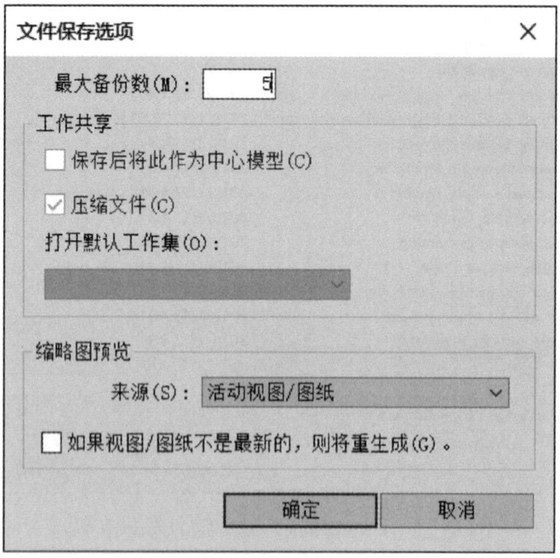

图 2-56 "文件保存选项"对话框

"文件保存选项"对话框中的选项说明如下。

最大备份数：指定最多备份文件的数量。默认情况下，非工作共享项目有 3 个备份，工作共享项目最多有 20 个备份。

保存后将此作为中心模型：将当前已启用工作集的文件设置为中心模型。

压缩文件：保存已启用工作集的文件时减小文件的大小。在正常保存时，Revit 仅将新图元和经过修改的图元写入现有文件。这可能导致文件变得非常大，但会加快保存的速度。压缩过程会将整个文件进行重写并删除旧的部分以节省空间。

打开默认工作集：设置中心模型在本地打开时所对应的工作集默认设置。从该列表中，可以将一个工作共享文件保存为"全部""可编辑""上次查看的"或者"指定"四种选项之一的默认设置。用户可选择"文件保存选项"对话框中的"保存后将此作为中心模型"重新保存新的中心模型。

缩略图预览：指定打开或保存项目时显示的预览图像。此选项的默认值为"活动视图 / 图纸"。Revit 只能在打开的视图中创建预览图像。

如果视图 / 图纸不是最新的，则将重新生成：如果选中此复选框，则无论用户何时打开或保存项目，Revit 都会更新预览图像。

2.4.4　另存为文件

单击"文件"→"另存为"右侧的箭头，打开"另存为"菜单，可以将文件保存为项目、族、样板和库四种类型文件，如图 2-57 所示。

图 2-57　"另存为"菜单

执行其中一种命令后打开"另存为"对话框，Revit 用"另存为"命令保存，并对当前图形进行更名。

2.5 Revit 基本命令

本节主要讲解在 Revit 中创建相关专业模型构件时，如何对已创建的构件进行选择和修改，以满足项目的设计要求。基本命令包括图元选择、编辑图元和快捷键等方面，认识并熟练掌握基本命令的使用，是学习 Revit 的基础。

2.5.1 调用命令

单击"建筑"或"系统"选项卡，在其中的功能区中显示的即为建筑或机电专业常用的命令。用户通过单击"命令"按钮，可以调用相应命令。

2.5.2 选择图元

通过鼠标配合键盘等工具在软件项目中选择需要编辑的对象。

选择图元有单击、框选等几种方式。

1. 单击

单击图元可以将其选中。需要选择多个图元时，按住 Ctrl 键，逐个单击要选择的图元。按下 Shift 键单击选中的图元，可以取消图元的选择。

2. 框选

按住鼠标左键不放，从左至右拖出选框，位于选框中的图元被选中。

按住 Ctrl 键，继续拖出选框以选择其他图元，或者使用其他方式选择图元。

按住 Shift 键，拖出选择框内图元，可将其从选择集中删除，也可通过单击的方式删除选择集中的图元。

将鼠标指针置于图上，按 Tab 键可以高亮显示相连的一组图元，此时单击可以选择该组图元。

3. Tab 键的应用

当指针所处位置附件有多个图元时，例如，墙或线连接成一个连续的链，可通过 Tab 键来回切换选择所需要的图元类型或整条链。

4. 选择全部实例

使用单击的方式选择某个图元，右击，在弹出的菜单中选择"选择全部实例"选项，即可选中当前视图或者整个项目中所有的相同类型的图元实例。在需要选择同类型的图元时，使用该方式最快速，如图 2-58 所示。

2.5.3 过滤图元

选择图元，在"选择"面板中单击"过滤器"按钮，调出"过滤器"对话框，其中被选择的图元为选中状态，取消选择，则该图元从选择集中删除，如图 2-59 所示。

2.5.4 编辑图元

1. 编辑图元属性

选择图元，可以在"属性"选项板上直接修改其属性参数，或者单击"属性"面板中的"类型属性"按钮，进入"类型属性"对话框，对其类型属性进行编辑修改。

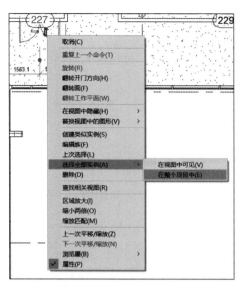

图 2-58 右键菜单——"选择全部实例"选项

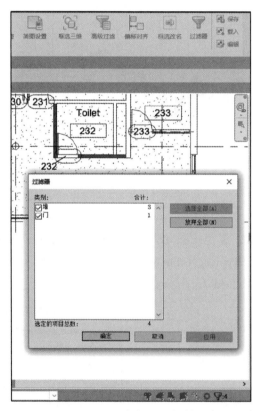

图 2-59 "过滤器"对话框

2. 通用编辑命令

在选择图元时，会显示与其相对应的通用编辑命令，主要有以下几类。

（1）删除和恢复命令类。如删除、放弃。

（2）修改对象命令类。如对齐、偏移、镜像、移动、复制、旋转、修剪/延伸、拆分、阵列、缩放和选择框快速隔离图元。

练习 2-2：快速隔离图元

通过选择框快速隔离选定的图元，可提供无阻挡的三维视图和文档，有利于对图元进行进一步的修改调整。

● 功能区："修改 | 图元"→"视图"面板→" 🔲 "（选择框）
● 快捷键：**BX**

【操作步骤】

（1）选择需要隔离的图元，如图 2-60 所示。

在任意视图的绘图区域中，选择要隔离的图元。在选择的图元中，必须至少有一个图元在模型中具有三维表示。

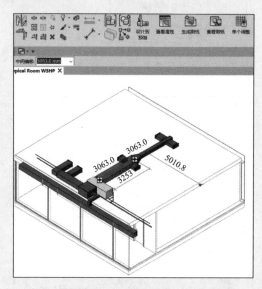

图 2-60　选择要隔离的图元

（2）按快捷键 BX，选定的图元在当前视图或默认的三维视图中打开。按快捷键 VV 打开三维视图：Typical Room WSHP 的可见性 / 图形替换对话框，在注释类别中勾选剖面框，如图 2-61 和图 2-62 所示。

图 2-61　打开选定的图元

图 2-62　剖面框显示

（3）根据需要拖动该控制柄以调整选择框大小。此操作对显示实心几何图形的横截面透视图尤为有用。"属性"选项板中规程为"协调"；详细程度为"精细"；视觉样式为"着色"，如图 2-63～图 2-65 所示。

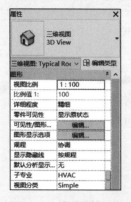

图 2-63　规程：协调

图 2-64　详细程度：精细

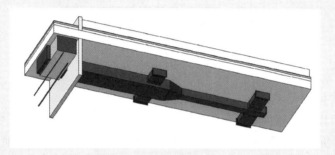

图 2-65　关闭剖面框的图元

（4）若需切换回完整的三维视图，在视图对应的属性选项板中，将剖面框取消勾选，即可完成操作，如图 2-66 所示。

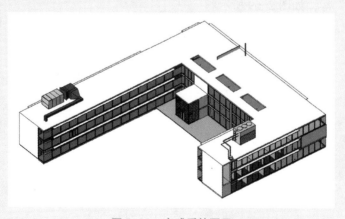

图 2-66　完成后的图元

3. 专用编辑命令

选择某些图元，会显示与其相对应的编辑命令。例如，选择"风管"可以进入"修改 | 放置风管"选项卡，在其中可以修改风管的各类参数，例如，宽度、高度和偏移量

等，如图 2-67 所示。

图 2-67　"修改 | 放置风管"选项卡

4. 端点编辑

选择图元后，在图元的两端或者图元的其他位置会出现蓝色的操作控制点，将鼠标指针置于控制点上，按住鼠标左键不放，拖曳鼠标可以对图元进行编辑操作。选择风管后，会在风管的两端显示蓝色的操作控制点，同时显示风管的临时尺寸标注，以标注风管的长度，如图 2-68 所示。

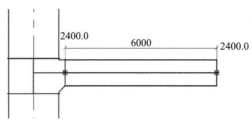

图 2-68　蓝色控制点

5. 临时尺寸标注

选择图元可以显示蓝色的临时尺寸标注，取消选择图元后，临时尺寸标注也同时被隐藏。单击尺寸标注文字下方的线性标注图标，可以将临时尺寸标注转换为线性标注。

6. 专用控制符号

选择某些图元可以显示一些专用的控制符号，通过激活控制符号可以对图元执行一系列的操作。例如，选择电动风阀图元，显示的控制点包括"旋转""创建风管""拖曳""翻转管件"等，如图 2-69 所示。

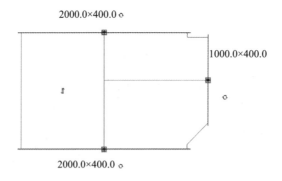

图 2-69　专用控制符号

7. 常用的"修改"命令

选择图元进入"修改"面板，除了一些与图元配对的编辑命令外，还有位于"修改"面板中的修改命令，可以对图元进行一系列的编辑操作，例如，"对齐""偏移""镜像"命令等,如图 2-70 所示。

图 2-70 常用"修改"面板

8. 可见性控制

Revit 中可见性控制的作用与 AutoCAD 中图层的作用有相似之处。当项目所包含的图元较多时,通过将其中一些图形关闭显示来提高系统的显示性能。

● 可见性 / 图形替换

单击"视图"选项卡,在"图形"面板中单击"可见性 / 图形"按钮,弹出"可见性 / 图形替换"对话框,如图 2-71 所示。其中包含五个类别,分别为"模型类别""注释类别""分析模型类别""导入的类别"和"过滤器"。

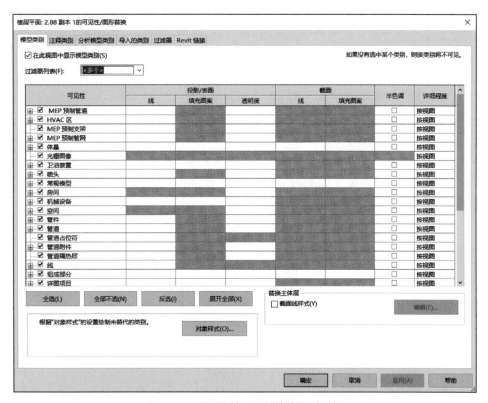

图 2-71 "可见性 / 图形替换"对话框

在"可见性"列表下被勾选的图元类别,可以在视图中显示,取消选择某项则关闭显示。单击"过滤器列表"下拉列表,在列表中显示了五种模型类别,分别是建筑、结构、机械、电气及管道,选择其中的一项,可以在"可见性"列表中显示与其相对应的图元类别。

勾选"在此视图中显示模型类别"复选框,可将设置应用于当前视图。

9. 临时隐藏 / 隔离

"临时隐藏 / 隔离"按钮 ，在调出的列表中显示了"隐藏 / 隔离"的方式，如图 2-72 所示。

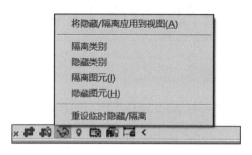

图 2-72　隐藏 / 隔离列表

隔离类别：在当前视图中仅显示与选中图元相同类别的图元，其他不同类别的图元均被隐藏。

隐藏类别：当前视图中与选中图元相同类别的所有图元均被隐藏。

隔离图元：仅显示在当前视图中选中的图元，选中图元以外的所有对象均被隐藏。

隐藏图元：当前视图中选中的图元均被隐藏。

重设临时隐藏 / 隔离：选择该项，可以恢复显示所有的图元。

10. 显示隐藏的图元

单击视图控制栏上的"显示隐藏的图元"按钮，可以显示所有被隐藏的图元。

11. 视图显示模式控制

单击视图控制栏上的"视觉样式"按钮，调出的"显示模式"列表如图 2-73 所示。平面视图、立面视图、剖面视图以及三维视图均可以在这些显示模式之间进行切换。

图 2-73　"显示模式"列表

单击"图形显示选项"，弹出的"图形显示选项"对话框如图 2-74 所示，可通过修改参数增强模型视图的视觉效果。单击"另存为视图样板"按钮，可将所设置的参数保存为样板，以便下次调用。

2.5.5　快捷键

除了直接单击面板中的按钮调用命令外，还可以输入快捷键调用相应的命令。在 Revit 中可以自定义快捷键，为用户设置自定义操作提供了便利。

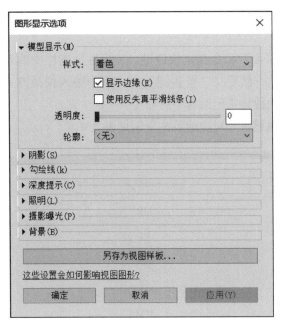

图 2-74　"图形显示选项"对话框

单击应用程序菜单按钮，在弹出的列表中单击"选项"按钮，打开"选项"对话框。在对话框中选择"用户界面"选项，在右侧的列表中单击"快捷键 – 自定义"按钮。打开"快捷键"对话框，在其中显示了命令及与之对应的快捷方式，如图 2-75 所示。

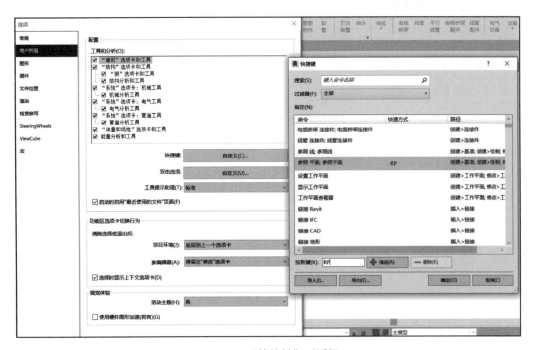

图 2-75　"快捷键"对话框

在"搜索"栏中输入搜索关键字，系统可以列出与其相关的所有命令。如输入文字"参照平面"，可以在列表中显示包含"参照平面"的所有命令。如果命令所指定快捷键与已有快捷键重叠，则系统会弹出"快捷方式重复"对话框提示当前快捷键与某个命令重复。

例如，为"参照平面"命令指定快捷键，首先在搜索栏中输入"参照"，接着在指定中选择"参照平面"，然后在"按新键"文本框中输入快捷键 RP，单击"指定"按钮，就可将所设置的快捷键指定给选中的命令。

建筑专业常用快捷键及其对应的英文单词见表 2-1。

表 2-1　建筑专业常用快捷键及其对应的英文单词

命令	快捷键	英文单词
轴网	GR	grid
标高	LL	level
墙	WA	wall
柱	CL	colum
梁	BM	beam
楼板	SB	slab
窗户	WN	window
门	DR	door

暖通专业常用快捷键及其对应的英文单词见表 2-2。

表 2-2　暖通专业常用快捷键及其对应的英文单词

命令	快捷键	英文单词
风管	DT	duct
风道末端	AT	air terminal
机械设备	ME	mechanical equipment
机械设置	MS	mechanical setting

给排水专业常用快捷键及其对应的英文单词见表 2-3。

表 2-3　给排水专业常用快捷键及其对应的英文单词

命令	快捷键	英文单词
管道	PI	pipe
管件	PF	pipe fitting
管路附件	PA	pipe accessory
软管	FP	flexible pipe
卫浴装置	PX	plumping fixture
喷头	SK	sprinkler

电气专业常用快捷键及其对应的英文单词见表 2-4。

表 2-4　电气专业常用快捷键及其对应的英文单词

命令	快捷键	英文单词
桥架	CT	cable tray
线管	CN	conduit
灯具	LF	lighting fixture
电气设备	EE	electric equipment

与对象操作相关的快捷键及其对应的英文单词见表 2-5。

表 2-5　与对象操作相关的快捷键及其对应的英文单词

命令	快捷键	英文单词
切角	TR	trim/extend to corner
延长到线	ET	extend single element
打断	SL	split element
参照平面	RP	reference plane
标注	DI	dimension
对齐	AL	align
缩放	RE	resize
细线	SL	thin lines
视图 / 可见性	VV	view/visibility
标记	TG	tag
放置构件	CM	component
成组	GP	group
阵列	AR	array
选择框	BX	box

提示

　　在 Revit 中使用快捷键时，直接按键盘对应字母即可，输入完成后无须按空格键或回车键。

学习笔记

本章微课

Revit 界面介绍（一）

Revit 界面介绍（二）

第3章 视 图

【思维导图】

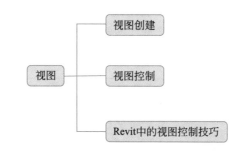

【教学目标】

> 通过学习本章中视图创建和视图控制的应用操作，熟悉Revit三维设计制图的基本原理，掌握视图的创建、视图属性的设置和视图的管理。掌握使用视图控制工具，以及修改模型几何图形的样式、可见性设置以及粗细线的设置等操作。

【教学要求】

能力目标	知识目标	权重
掌握创建视图的方法	视图（平面图、立面图、剖面图等）的创建、详图索引的创建等	30%
掌握视图属性修改的方法	了解视图的基本属性	30%
掌握视图控制工具的使用方法	了解视图控制的基本内容	40%

在 Revit 中，每一个平面、立面、剖面、透视、轴测和明细表都是一个视图，它们的显示都是由各自视图的视图属性控制，且不影响其他视图。这些显示包括可见性、线型、线宽和颜色等。作为一款参数化的 BIM 设计软件，在 Revit 中，要想通过创建三维模型并进行相关项目设置，从而获得用户所需要的符合设计要求的相关平面、立面、剖面、大样详图等图纸，用户需要了解 Revit 三维设计制图的基本原理。

3.1 视图创建

通过使用视图工具可为模型创建平面视图、立面视图、剖面视图或三维视图。

3.1.1 平面视图的创建

创建的二维平面视图包括结构平面、楼层平面、天花板投影平面、平面区域或面积平面。平面视图在创建新标高时可自动创建，也可在完成标高的创建后手动添加相关平面视图。

1. 自动创建平面视图

● 功能区："建筑"选项卡→"基准"面板→"标高"

在创建新标高时可自动创建平面视图，此种方法简单、快捷。

【操作步骤】

（1）将视图切换到立面视图。

（2）单击"建筑"或"结构"选项卡，在"基准"面板中选择标高工具，如图 3-1 所示。进入绘制标高状态，在选项栏中会出现 ☑创建平面视图 平面视图类型... 选项。勾选"创建平面视图"复选框，并单击"平面视图类型"按钮，弹出"平面视图类型"对话框，在该对话框中单击选择要创建的视图类型，完成后单击"确定"按钮，返回绘制标高状态。

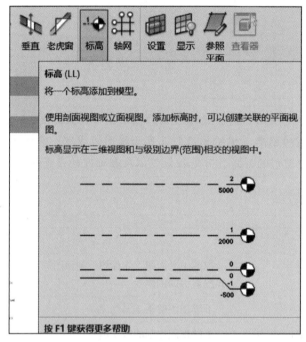

图 3-1 "基准"面板标高工具

绘制相关标高后，单击项目浏览器中的视图树状目录，在相应的视图目录下就可找到标高对应的平面视图了。

2. 手动创建平面视图

手动创建平面视图可在完成标高的创建后，选择性地手动添加平面视图，此种方法具有相同视图统一添加、选择性添加的优势。

在创建标高时，通过复制和阵列方式生成的标高不会自动生成平面视图，需要手动添加。

● 功能区："视图"选项卡→"创建"面板→"平面视图"下拉菜单（见图 3-2）

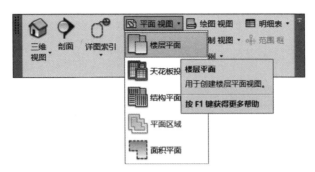

图 3-2　楼层平面视图创建

【操作步骤】

（1）按上述执行方式执行，在平面视图下拉列表中选择将要创建的视图类型。以创建楼层平面为例，在下拉列表中选择楼层平面，弹出"新建楼层平面"对话框，如图 3-3 所示。

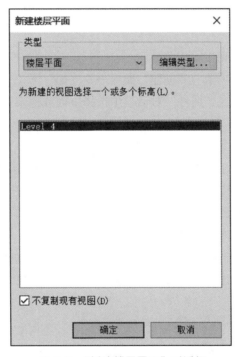

图 3-3　"新建楼层平面"对话框

（2）在对话框中的标高栏中选择标高，配合使用 Ctrl 键和 Shift 键进行选择。勾选下边的"不复制现有视图"复选框，如果未勾选，则会生成已有平面视图的副本。单击"确定"按钮，软件会自动生成所选标高对应的楼层平面，在项目浏览器楼层平面目录下即可找到新创建的标高平面。

3.1.2　立面图的创建

立面图的创建功能用于创建面向模型几何图形的其他立面视图。默认情况下，项目文件中的四个指南针点提供外部立面视图，如图 3-4 所示。

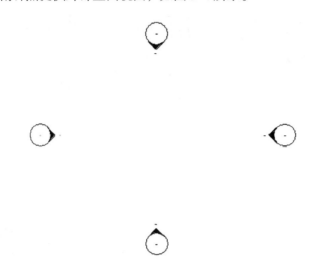

图 3-4　外部立面视图

立面视图包括立面和框架立面两种类型，框架立面主要用于显示支撑等结构对象。

【操作步骤】

（1）将操作平面切换到楼层相关平面。

（2）单击"视图"选项卡→"创建"面板→"立面"下拉菜单。

（3）选择立面类型。在"属性"对话框中选择立面或框架立面等立面类型。

（4）设置选项栏参数。

①附着到轴网：将立面视图方向与轴网关联。

②参照其他视图：不直接创建新的立面视图，而是用已有的视图。

③新绘制视图：不创建关联立面视图，而是创建空白视图。

（5）放置立面。在绘图区域需要创建立面视图的位置单击放置指南针点，在移动指针时，可按 Tab 键改变指南针点箭头的方向。

（6）设定立面方向。选择立面符号，立面符号会随用于创建视图的复选框选项一起显示，如图 3-5 所示。通过勾选方式可创建相关方向的立面视图。

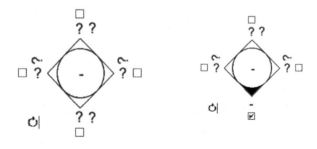

图 3-5　立面方向的调整

使用旋转控制功能可将视图与斜接图元对齐。单击"旋转控制"按钮，并按住鼠标左键，移动鼠标进行旋转，松开鼠标完成旋转。

（7）调整立面视图宽度及高度范围。单击已创建的立面，如图 3-6 所示，通过标注的拖曳点对立面视图范围进行调整。

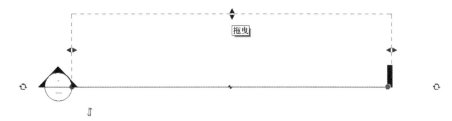

图 3-6　立面视图范围

可以通过左右两边的拖曳点控制立面的视图宽度，通过高度拖曳点控制立面的视图高度。宽度和高度决定着立面所能看到的范围大小。单击选择立面视图点，也可通过"修改 | 视图"选项卡中的"尺寸裁剪"按钮更准确地调整视图范围，如图 3-7 所示。

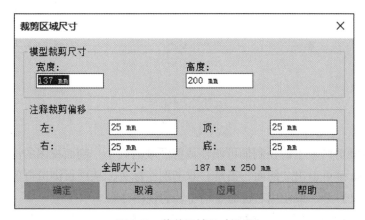

图 3-7　裁剪区域尺寸设置

在该对话框中，调整"模型裁剪尺寸"下的宽度值和高度值，默认注释裁剪偏移值，软件会自动计算出裁剪框的全部大小尺寸，单击"确定"按钮完成裁剪。

（8）拆分立面视图范围线。选择已创建的立面视图范围线，单击"修改 | 视图"选项卡中的"拆分线段"按钮，将指针移动到绘图区域中，软件会提示选择一个要拆分的视图，在视图的宽度线上选定位置单击，然后上下拖曳指针，选定位置后单击完成拆分，视图线已经拆分为两部分，两段视图线所示范围有所不同，如图 3-8 所示。

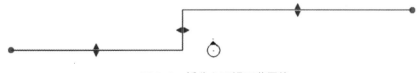

图 3-8　拆分立面视图范围线

3.1.3　剖面图的创建

可通过剖面工具剖切模型，并生成相应的剖面视图。在平面、立面、剖面和详图视图中均可绘制剖面视图。

● 功能区:"视图"选项卡→"创建"面板→"剖面"

【操作步骤】

(1)将视图切换到某楼层平面视图。

(2)按上述执行方式执行。

(3)选择剖面类型并设置相关参数。

(4)设置选项栏参数。

(5)绘制剖面线。将指针移动到绘图区域中,在剖面的起点处单击,并拖曳指针穿过模型或族,到达剖面的终点时单击,如图 3-9 所示。除了与立面视图有相同的拖曳点之外,还有其他的特殊符号,代表含义见注释。

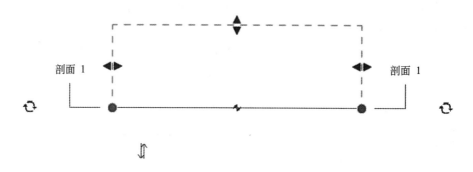

图 3-9 绘制剖面线

通过拖曳裁剪区域上的控制柄可调整裁剪区域的大小,剖面视图的深度也相应地发生变化。按 Esc 键可退出"剖面"工具。双击剖面标头,从项目浏览器的"剖面"组中选择剖面视图并打开,或使用右键命令均可转到视图命令。

(6)剖面的调整。创建完成剖面后,也可通过修改调整,将不同位置上的模型显示在同一剖面内,可更为直观地进行模型间的对比、调整等。

选择已创建的剖面,单击"修改|视图"选项卡中的"拆分线段"按钮,将指针移动到剖面线上的分段点处并单击。继续将指针移动至要移动的拆分侧,并沿着与视图垂直的方向移动指针,再次单击以放置分段,如图 3-10 所示。

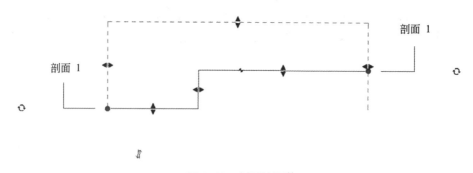

图 3-10 剖面的调整

新的分段上有多个控制柄,用于调整裁剪区域尺寸的控制柄显示为浅绿色虚线,所有分段共享同一个裁剪平面，包括用于移动剖面线各个分段的控制柄。还可通过单击线段间隙符号将剖面分割为较小的分段，截断控制柄在剖面上显示为━━◆━━。单击该截断控制柄，可进一步断开剖面。截断后，剖面上将出现调整分段尺寸的多个控制柄，如图 3-11 所示。在此单击截断控制柄━━◆━━，可将断开的剖面进行合拢。

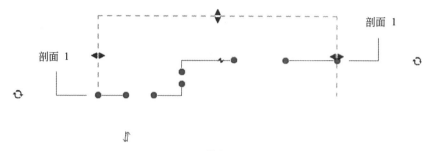

图 3-11　截断后的剖面

练习 3-1：剖面图的创建

【操作步骤】

（1）打开"练习 3-1"项目，在项目浏览器中，展开楼层平面视图目录，双击 1F_±0.000 进入 1 层平面视图。

（2）单击"视图"选项卡中的"剖面"按钮，在类型选择器中选择建筑剖面类型，不对类型属性参数进行设置。不勾选选项栏中的"参照其他视图"复选框，设置偏移量为 0.0，如图 3-12 所示。

图 3-12　剖面创建选项栏

（3）在轴线 2、3 之间单击作为剖面的起点，向下拖曳指针至另一侧的轴线 2、3 之间，单击作为剖面的终点。

（4）通过 ◀▶ 按钮控制剖面显示范围。通过单击 ⇄ 按钮对剖面框进行左右翻转，确定显示剖面的方向。

（5）单击选中该剖面线，在右击命令菜单中选择"转到视图"命令。

（6）在剖面属性栏中，取消勾选"裁剪视图"和"裁剪区域可见"复选框，单击"应用"按钮保存。

（7）勾选轴线和标高另一端未显示出的编号，并隐藏在剖面视图中无须显示的轴线。

（8）将项目文件另存为"建筑‐剖面"，完成对该项目剖面视图的绘制，如图 3-13 所示。

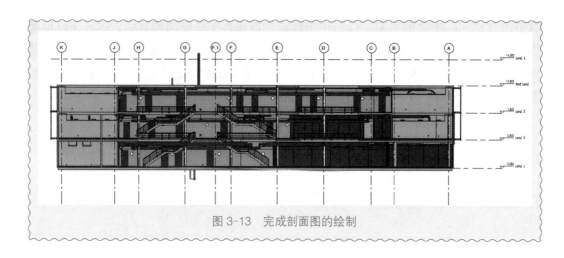

图 3-13　完成剖面图的绘制

3.1.4　详图索引的创建

通过详图索引工具可在视图中创建矩形详图索引，即大样图。详图索引可隔离模型几何图形的特定部分，参照详图索引允许在项目中多次参照同一个视图。

● 功能区："视图"选项卡→"创建"面板→"详图索引"下拉菜单

【操作步骤】

（1）将视图切换至需要添加详图索引的平面。

（2）按上述执行方式执行，并选择详图索引绘制方式。详图索引绘制方式包括矩形和草图两种，矩形方式只能用于绘制矩形详图索引，而利用草图方式可绘制较复杂形状的详图索引。根据实际情况选择对应的方式进行绘制。

（3）选择详图索引类型。在视图属性选择栏中可选择对应的详图类型。

（4）选项栏设置。

参照其他视图：不自动创建详图，而使用已有的视图，如导入的 .dwg 文件。

新绘制视图：不自动创建详图，而是创建空白的视图。

（5）绘制详图索引。可以在平面视图、剖面详图、详图视图或立面视图中添加详图索引。在这些视图中，详图索引标记链接至详图索引详图。单击"详图索引"下拉列表中的"矩形"按钮，如图 3-14 所示。在类型选择器中选择详图，单击"类型属性"按钮，进入详图视图"类型属性"对话框，如图 3-15 所示。

图 3-14　"详图索引"下拉列表

在对话框中复制创建新的详图类型和名称，设置详图索引标记的标头、参照标签等参数。完成后单击"确定"按钮返回详图索引绘制状态。

放大模型局部区域，将指针移动到要定义详图索引的区域，指针从左下方向右下方拖曳，创建封闭的矩形网格，在左边的线框旁显示详图索引编号。

图 3-15 详图视图"类型属性"对话框

要查看详图索引视图，可双击详图索引标头，或在项目浏览器详图视图目录下找到详图标号双击进入，详图索引视图将显示在绘图区域中。

（6）修改调整详图索引。进入详图视图中，其比例尺为原视图的 2 倍，单击选择详图索引，可拖曳边线上的圆形点改变详图线边框，以此确定详图的大小和范围。

对详图进行进一步的处理，包括：添加墙面折断线，标注轴网与构建族之间、族与族之间的尺寸值，以及放置其他构件，标注坡度线等。

3.1.5 绘图视图的创建

利用"绘图视图"可创建一个空白视图，在该视图中显示与建筑模型不直接关联的详图，使用二维细节工具按照不同的视图比例（粗糙、中等或精细）创建未关联的视图专有详图。

● 功能区："视图"选项卡→"创建"面板→"绘图视图"

【操作步骤】

（1）按上述执行方式执行。

（2）设置新绘图视图名称及比例。软件弹出"新绘图视图"对话框，如图 3-16 所示。在对话框中设置新绘图视图的名称及比例，完成后单击"确定"按钮，这时软件会跳转到一个空白的视图界面。在项目浏览器目录下，找到绘图视图（详图）一栏，单击"展开"按钮，可看到当前名称为"绘图 1"的视图。

在该视图中，可通过导入 CAD 的方式，将已创建好的 .dwg 文件导入当前视图中，以便在软件中快速创建大样图。也可使用"注释"选项卡下"详图"面板中的详图工具丰富详图内容。

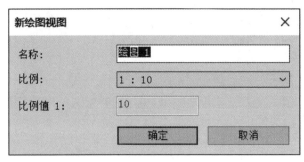

图 3-16 "新绘图视图"对话框

详图工具主要包括"详图线""隔热层""遮罩区域""填充区域""文字""符号"和"尺寸标注"。

创建完成后的绘图视图可随时在项目浏览器下绘图视图（详图）一栏展开查看。

练习 3-2：大样图的创建

【操作步骤】

（1）打开"练习 3-2"项目，在项目浏览器下，展开楼层平面视图目录，双击 1F_±0.000 进入 1 层平面视图。

（2）单击"视图"选项卡下的"详图索引"按钮，在下拉菜单中单击"矩形"按钮。在类型选择器中选择详图类型，不对类型属性参数进行设置。不勾选选项栏中的"参照其他视图"复选框，如图 3-17 所示。

图 3-17 大样图创建选项栏

（3）在绘图区域中，放大楼梯间所在的位置，分别单击对角点创建矩形详图框。

（4）单击选中该详图框，在右键命令菜单中选择"转到视图"命令。

（5）在视图控制栏中，单击"隐藏裁剪区域"按钮，在详图属性栏中，设置视图名称为"楼梯间大样图"，视图样板为"楼梯_剖面大样"。单击"应用"按钮保存。

（6）勾选轴线和标高另一端未显示出的编号，并隐藏详图视图中无须显示的轴线。

（7）使用尺寸标注工具对大样图进行必要的尺寸注释标记，丰富详图的细节。

（8）按照上述步骤，对楼梯间进行大样图的创建。

（9）将项目文件另存为"楼梯间-大样图"，完成对该项目大样图的绘制，如图 3-18 所示。

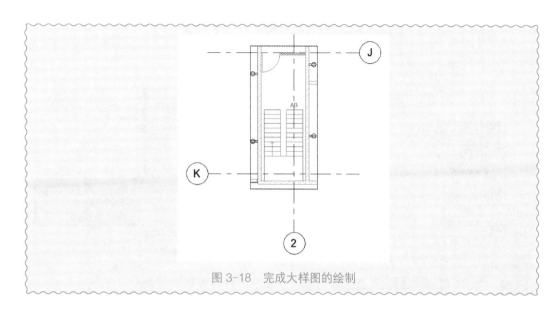

图 3-18　完成大样图的绘制

3.1.6　复制视图的创建

使用"复制视图"工具可复制创建当前视图的副本，其中仅包含模型、模型和视图专有图元及视图的相关副本。新视图中不会创建隐藏的视图专有图元。隐藏的模型图元和基准将被创建到新视图中并保持隐藏状态。

"复制视图"工具包括复制视图、带细节复制和复制作为相关三种形式。

① 复制视图：表示用于创建一个视图，该视图中仅包含当前视图中的模型几何图形。此种形式将排除所有视图专有图元，如注释、尺寸标注和详图。

② 带细节复制：表示模型几何图形和详图几何图形都被复制到新视图中。详图几何图形中包括详图构件、详图线、重复详图、详图组和填充区域。

③ 复制作为相关：表示用于创建与原始视图相关的视图，即原始视图及其副本始终同步。在其中一个视图中所做的修改将自动出现在另一个视图中。

● 功能区："视图"选项卡→"创建"面板→"复制视图"下拉菜单

【操作步骤】

（1）将视图切换到需要添加视图副本的视图。

（2）按上述执行方式执行，选择相应复制视图方式，如图 3-19 所示。

根据实际情况，单击下拉列表中相应的选项，此时在项目浏览器当前视图的下方会出现该视图的副本，并且软件会自动跳转到该副本视图中，这样即可完成复制视图。

复制视图还有一种较为快捷的方式，即打开项目浏览器，在需要复制副本的视图名称上右击，在命令功能区中，将指针移到"复制视图"上，软件会再次弹出下一级命令菜单，如图 3-20 所示。该命令栏中的三个选项与之前的意义完全一致，可直接选择某一项完成复制视图。

3.1.7　快速打开视图对应图纸

根据视图快速打开图纸，提供更精确、可读性更强的文档。

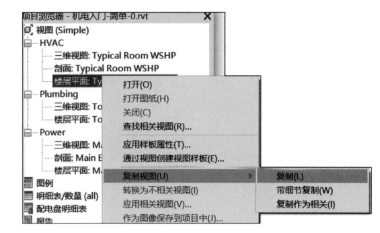

图 3-19 复制视图方式   图 3-20 复制视图快捷方式

● 右击项目浏览器中的"视图"名称→单击"打开图纸"按钮

【操作说明】

（1）该选项可用时，单击"打开图纸"命令，可直接切换到视图所对应的图纸。

（2）单击"打开图纸"按钮，右键菜单中处于禁用状态有两个原因：①视图未放置在图纸上；②视图是明细表或是可放置在多个图纸上的图例视图。

3.1.8 图例的创建

使用该工具可为材质、符号、线样式、工程阶段、项目阶段和注释记号创建图例，用于显示项目中使用的各种建筑构件和注释的列表。

图例包括图例和注释记号图例两种类型。

① 图例：可用于建筑构件和注释的图例创建。

② 注释记号图例：可用于注释记号的图例创建。

● 功能区："视图"选项卡→"创建"面板→"图例"下拉菜单

【操作步骤】

（1）按上述执行方式执行。

（2）创建图例视图。以创建某项目门窗大样为例，在下拉列表中选择图例，这时软件会弹出"新绘图视图"对话框，如图 3-21 所示。在对话框中修改名称为"门窗大样图例"，比例选择"1:50"，完成后单击"确定"按钮。

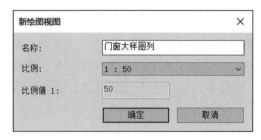

图 3-21 "新绘图视图"对话框

软件会自动生成一个空白视图平面，这时打开项目浏览器中图例一栏就会看到已创建的门窗大样图例视图 图例:门窗大样图例 ，并高亮显示。

（3）放置图例。在项目浏览器中，展开族树状目录，在该目录下找到门一栏，依次展开并找到需要添加的门构件，单击选择后，拖曳到当前空白视图中，门的平面缩略图跟随着指针移动，先调整选项栏中的参数，然后进行放置，如图 3-22 所示。

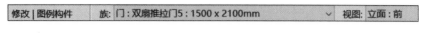

图 3-22　图例放置选项栏

在族一栏后面单击，可重新选择新的构件族，在视图栏选择前立面，这时主体长度为灰显只读数据。

将指针移动到绘图区域，在任意空白位置上单击放置，按 Esc 键退出放置状态，使用快捷栏中的对齐尺寸标注工具对门窗进行细致的标记，并为其添加视图标题，如图 3-23 所示。

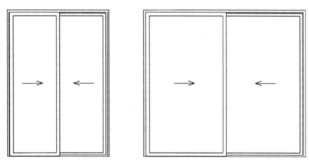

图 3-23　门窗图例

3.1.9　默认三维视图

默认三维视图工具在项目模型创建的过程中有着重要的作用。三维视图工具配合使用 View Cube，不仅可以随时查看模型各构件样式及整体效果，还可以在三维视图状态下创建相关构件。默认三维视图为三维正交视图。

● 功能区："视图"选项卡→"创建"面板→"三维视图"下拉菜单→"默认三维视图"

【操作步骤】

按上述执行方式执行，软件会跳转到默认三维视图界面，配合使用 Shift 键和鼠标滚轮可对模型进行旋转，方便观察；也可单击绘图区域右上方的 View Cube 导航，通过单击上下左右前后、东南西北多方位对模型进行查看；还可单击 View Cube 导航的角点，以此来查看模型的效果，如图 3-24 所示。

在三维视图中查看模型效果时，可使用剖面框工具。通过应用剖面框对模型进行分割查看，可限制查看模型的范围，完全处于剖面框外的图元不会显示到当前视图中。剖面框对于大型模型尤其有用。例如，要对办公楼中的会议室进行内部渲染，可使用剖面框裁剪出会议室并忽略办公楼的其余部分。

确认当前视图处于三维视图，在属性框中找到范围栏下的"剖面框"一项，勾选后面的复选框，如图 3-25 所示。

图 3-24　View Cube 导航

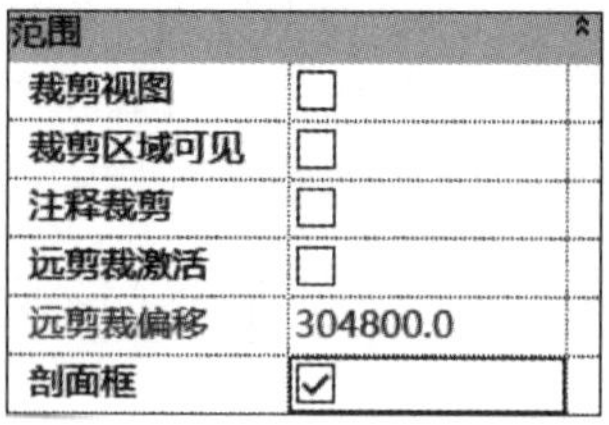

范围	
裁剪视图	☐
裁剪区域可见	☐
注释裁剪	☐
远剪裁激活	☐
远剪裁偏移	304800.0
剖面框	☑

图 3-25　三维剖面框设置

这时在模型的最外边会显示出一个长方形的边框，即为剖面框。选择该框，会在边框上出现该面的拖曳符号，如图 3-26 所示。

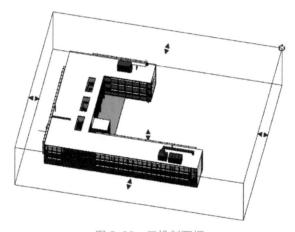

图 3-26　三维剖面框

图 3-26 的实线外框即为剖面框，在剖面框的每一个面上都有一个面控制柄，用来控制该面的长度或者深度，以此来分割模型。有时也可通过旋转控制柄将剖面框旋转到其他位置，然后进行查看。

3.1.10　透视三维视图和平行三维视图应用

在 Revit 中，透视图可在"透视"和"正交"之间切换，Revit 提供"移动""对齐""锁定"和"解锁"等编辑工具用于修改模型。

● 功能区："视图"选项卡→"创建"面板→"三维视图"下拉菜单→"相机"

【操作步骤】

（1）任意打开一个平面视图。单击"三维视图"→"相机"，创建透视图。此时，透视图模式下的"修改|相机"选项卡中，除对齐、移动工具外，其余工具不可使用。

（2）确定该透视图属性列表中，"裁剪区域可见"选项已勾选，如图 3-27 所示。如未勾选，则后续操作不能实现。

（3）右击 View Cube，在弹出的菜单中单击"正交"命令切换到正交三维视图，如图 3-28 所示。此时，"修改|相机"选项卡下所有工具均可使用。

图 3-27　勾选"裁剪区域可见"选项

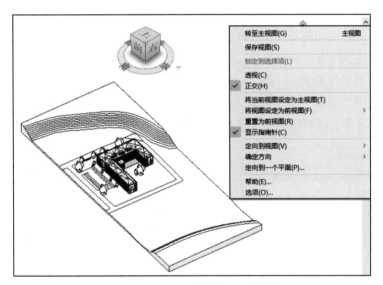

图 3-28　透视模式切换至平行模式

（4）在正交视图中，可完成图元的复制、移动、修剪等操作，从而完成模型的修改与绘制，如图 3-29 所示。

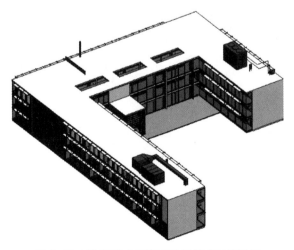

图 3-29　透视模式切换至平行模式三维视图

3.2 视图控制

通过使用视图控制工具，可修改模型几何图形的样式，包括可见性设置、粗细线的设置等。

3.2.1 视图可见性设置

该工具用于控制模型图元、注释、导入和链接的图元以及工作集图元在视图中的可见性和图形显示。该工具可替换的显示内容包括截面线、投影线以及模型类别的表面、注释、类别、导入的类别和过滤器，还可针对模型类别和过滤器应用半色调和透明度。

● 功能区："视图"选项卡→"图形"面板→"可见性 / 图形"

● 快捷键：VV

【操作步骤】

（1）将视图切换到需要调整可见性的视图。

（2）按上述执行方式执行。

（3）视图可见性设置。"可见性 / 图形替换"对话框如图 3-30 所示。在该对话框中包括五个选项卡，分别为模型类别、注释类别、分析模型类别、导入的类型和过滤器。单击每一个选项卡，可对当前视图进行相关的设置。

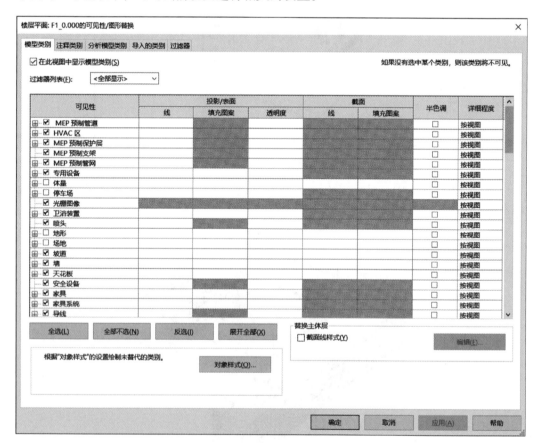

图 3-30 "可见性 / 图形替换"对话框

① "模型类别"选项卡设置。"模型类别"通常用于设置模型中部分内容的可见性。

单击过滤器列表下拉列表，勾选要显示的专业模型构建，如图 3-31 所示。

在该下拉列表中可根据需要勾选相关专业，也可全部勾选以显示全部的模型构件。完成后，在可见性列表中找到需要隐藏或者显示的构件，在该构件前方的复选框中确定是否勾选，勾选即为显示，不勾选即为隐藏。同时，还可调整每项后面的投影 / 表面或截面的线型、填充图案和透明度等。

在该选项卡下常用的设置还有截面线样式设置。勾选截面线样式前面的复选框，这时编辑按钮由灰显状态变为可单击状态，单击"编辑"按钮进入"主体层线样式"对话框，如图 3-32 所示。

图 3-31　过滤器列表下拉列表　　　　图 3-32　主体层线样式的设置

在创建详图索引或大样时，常常会设置墙截面、楼板截面等结构线宽，这些就是在此对话框中进行设置的，可将结构线宽调整为 3 或 4，将其他主体层线宽调整为 1，这样在大样图中，截面结构边线就会以粗线显示出来，完成后单击"确定"按钮。

②"注释类别"选项卡设置。单击"可见性 / 图形替换"对话框上方"注释类别"选项卡，如图 3-33 所示。

在该对话框中可以对导入当前项目中的 .dwg 文件进行可见性设置，在 .dwg 文件前面勾选复选框完成可见性设置，且该设置只对当前视图有效。当切换到其他视图中时，如果需要隐藏或显示 .dwg 文件，都可通过此方式进行设置。

③"分析模型类别"选项卡设置。单击"可见性 / 图形替换"对话框上方的"分析模型类别"选项卡，列出的分析类别及其子类别可在"可见性"字段中选定，如果选中某个类别，则该类别在当前视图中可见。也可以对所列分析模型对象的可见性参数进行编辑。包括"线宽""线颜色""线型图案"和"材质"等参数。

④"导入的类别"选项卡设置。单击"可见性 / 图形替换"对话框上方的"导入的类别"选项卡，列出的分析类别及其子类别可在"可见性"字段中选定，如果选中某个类别，则该类别在当前视图中可见。

⑤"过滤器"选项卡设置。单击"可见性 / 图形替换"对话框上方的"过滤器"选项卡，如图 3-34 所示。对于在视图中共享公共属性的图元，过滤器提供了替换其图形显示和控制其可见性的方法。可将图元添加到过滤器列表，然后更改其投影 / 表面或截面的线型、填充图案和透明度等。

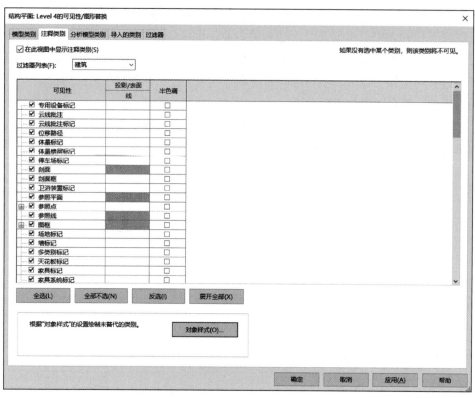

图 3-33　可见性 / 图形替换——"注释类别"选项卡

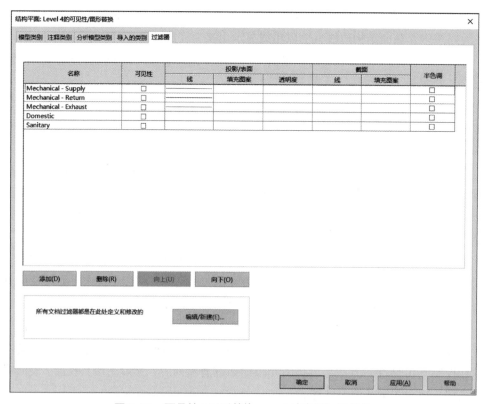

图 3-34　可见性 / 图形替换——"过滤器"选项卡

单击"添加"按钮，从弹出的"添加过滤器"对话框中选择一个或多个过滤器插入对话框中，如图 3-35 所示。对话框中的图元都是根据当前视图提取出来的。

图 3-35　"添加过滤器"对话框

在"添加过滤器"对话框中选择一个或多个要插入的过滤器。选择后单击"确定"按钮，图元类别就会自动添加到过滤器下方，然后再对其进行线型或颜色的设定，如图 3-36 所示。通过此方法添加混凝土墙类别，勾选"可见性"复选框，并逐一设置后

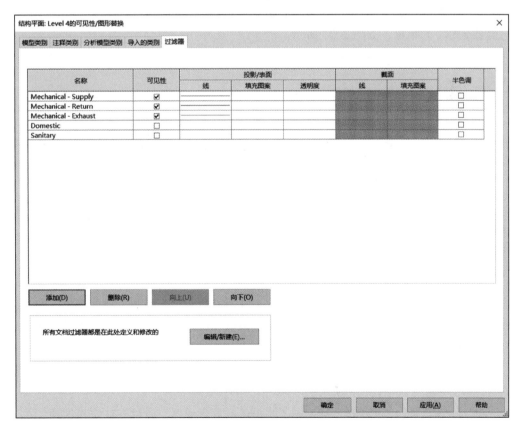

图 3-36　过滤器可见性设置

面的线型以及颜色。完成后单击"确定"按钮，这时当前平面中的图元类别就会按照过滤器所设置的颜色、线型和透明度进行显示。

（4）"Revit 链接"选项卡设置。当项目中链接了 Revit 文件，在"可见性 / 图形替换"对话框上方的选项卡一栏中就出现了"Revit 链接"选项卡，其操作方法与"导入的类别"一样，勾选复选框即可完成可见性设置。如果项目中没有链接，则不会出现该选项卡。

3.2.2 过滤器的设置

在可见性图形替换中，介绍了过滤器的图元类别添加和投影 / 表面或截面的线型，填充图案以及透明度的修改。若在添加过滤器列表中没有需要的图元类别，而模型几何图形实际存在，则可以通过新建过滤器创建图元类别，然后进行相关的过滤器设置。

● 功能区："视图"选项卡→"图形"面板→"过滤器"

【操作步骤】

（1）按上述执行方式执行。

（2）弹出"过滤器"对话框。此时在对话框左侧功能区一栏，只有"新建"按钮是可单击状态。在左侧框中选择某一项图元类别后，功能区的"编辑""重命名"和"删除"三项都成为可单击状态，这时可对选择的图元类别进行过滤器条件设置更改、重命名或从列表中删除此图元类别的操作。

（3）新建过滤器。若要创建新的图元类别过滤器，单击功能区的 按钮，会弹出"过滤器名称"对话框，如图 3-37 所示。

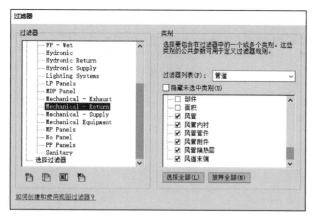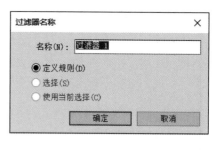

图 3-37 "过滤器名称"对话框

在"名称"一栏修改过滤器的类别名称，在下方有"定义规则"和"选择"两个选项，软件默认为定义规则。其中定义规则通过设置相关过滤器条件来控制模型几何图形中的图元类构件。

单击"确定"按钮，打开"过滤器"对话框，左、中、右依次为"过滤器""类别"和"过滤器规则"，如图 3-38 所示。

① "过滤器"栏："过滤器"栏列举了当前已有的过滤器，软件默认选择该项。在下

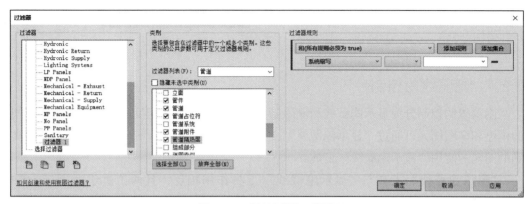

图 3-38 "过滤器"对话框

方的功能区有四个按钮，其中 ![图标] 表示新建图元类别，单击后会显示如图 3-37 所示的"过滤器名称"对话框；![图标] 表示复制当前选择的图元类别；![图标] 表示为选择的图元类别进行重命名；![图标] 表示删除当前选择的图元类别。

②"类别"栏：在"过滤器"栏选择一个过滤器，从过滤器列表的下拉列表中选择相关的专业，在下方会显示出该专业所包含的所有类别，通过勾选类别名称前方的复选框完成添加。

③"过滤器"规则栏：过滤器规则也就是设置过滤器条件，过滤条件一次最多可设置三项规则，其目的是选择需要的类别而过滤其他不需要的类别。可通过备注、注释、类别名称、类别注释等参数进行过滤器条件的设置。设置完成后，若没有选择需要的类别或过滤掉了需要的类别，都可继续在此进行过滤规则调整，直到满足要求为止。

完成该对话框中的所有设置后，单击"确定"按钮返回，这时可在"可见性 / 图形替换"对话框中的"过滤器"选项卡下进行各项类别的添加，以及更改其投影 / 表面或截面的线型、填充图案和透明度等。

3.2.3 粗线 / 细线的切换

无论缩放级别如何，粗线 / 细线的切换都可以按照单一宽度在屏幕上显示所有线。"细线"工具可用于保持相对视图缩放的真实线宽。通常在小比例视图中放大模型时，图元线的显示宽度会大于实际宽度。

激活"细线"工具后，此工具会影响所有的视图，但不影响打印或打印预览。如果禁用该工具，则打印的所有线都会显示在屏幕上。

● 功能区："视图"选项卡→"图形"面板→"细线 / 粗线"

● 快捷键：TL

【操作步骤】

单击"视图"面板下的"细线"按钮，这时图形中的粗线都变为细线。同样的常规 -200mm 墙体，在楼层平面显示下的粗线状态和细线状态如图 3-39 所示。

可通过单击"细线"按钮，在细线和粗线之间来回切换，也可单击快捷访问工具栏中的 ![图标] 按钮，其效果一致。

图 3-39　粗线 / 细线切换

3.2.4　隐藏线的控制

隐藏线的控制分为显示隐藏线和删除隐藏线，且其效果是相反的。被其他图元遮挡的模型和详图图元可通过"显示隐藏线"工具显示出来。可在所有具有"隐藏线"子类别的图元上使用"显示隐藏线"工具。

"删除隐藏线"工具与"显示隐藏线"工具作用相反，且两工具不适用于 MEP（Mechanical，Electrical and Plumbing，机械、电气和管道）部分，如果视图样板为电气、机械或卫浴，则无法使用该工具。

● 功能区："视图"选项卡→"图形"面板→"显示隐藏线 / 删除隐藏线"

【操作步骤】

（1）单击"视图"选项卡下的"显示隐藏线"按钮，依次单击需要遮盖隐藏对象的图元和需要显示隐藏线的图元。

（2）若要反转该效果，可使用"视图"面板下的"删除隐藏线"按钮。

3.2.5　剖切面轮廓的绘制

使用"剖切面轮廓"工具可修改在视图中剖切的图元形状，例如，屋顶、楼板、墙和复合结构的层。可在平面视图、天花板平面视图和剖面视图中使用该工具。对轮廓所做的修改是平面视图专有的。

● 功能区："视图"选项卡→"创建"面板→"剖切面轮廓"

【操作步骤】

（1）将视图切换至需要绘制剖切面轮廓的视图。

（2）按上述执行方式执行。

（3）设置选项栏参数。在选项栏中，选择"面"（编辑面四周的完整边界线）或"面与面之间的边界"（编辑各面之间的边界线）作为编辑的值。

（4）单击高亮显示的截面或边界并进入绘制模式。

（5）绘制要添加到选择集或从选择集删除的区域。使用其起点和终点位于同一边界线的一系列线。不能绘制闭合环或与起始边界线交叉。如果使用"面与面之间的边界"选项，则可绘制该墙的其他边界线。

（6）设定区域方向。剖切面轮廓草图控制箭头会显示在绘制的第一条线上，指向在编辑之后将保留的部分。单击控制箭头可改变其方向。

（7）完成编辑后，单击""完成编辑。

3.2.6　视图样板的设置与控制

通过对视图应用视图样板，可确保各类型视图图纸表达的一致性，同时减少单独自定义的工作量，以提高设计和出图的效率。

1. 将样板属性应用于当前视图

● 功能区："视图"选项卡→"创建"面板→"视图样板"下拉菜单→"将样板属性应用于当前视图"

视图样板设置面板如图 3-40 所示。

图 3-40　视图纸板设置面板

【操作步骤】

（1）双击打开需要修改视图样板的视图。

（2）按上述执行方式执行。

（3）在"应用视图样板"对话框的"视图样板"栏，使用规程过滤器和视图类型过滤器限制视图样板的列表。

（4）在"名称"列表中，选择要应用的视图样板。

2. 从当前视图创建样板

● 功能区："视图"选项卡→"创建"面板→"视图样板"下拉菜单→"从当前视图创建样板"

【操作步骤】

（1）双击打开可创建视图样板的视图。

（2）按上述执行方式执行。

（3）输入创建的视图样板名称后，单击"确定"按钮，完成新视图样板的创建。

3. 管理视图样板

● 功能区："视图"选项卡→"创建"面板→"视图样板"下拉菜单→"管理视图样板"

【操作步骤】

（1）按上述执行方式执行。

（2）在"视图样板"对话框的"视图样板"栏，使用规程过滤器和视图类型过滤器限制视图样板的列表，如图 3-41 所示。

（3）在"名称"列表中，选择要调整的视图样板。

（4）在"视图属性"列表中，对视图的属性进行调整。

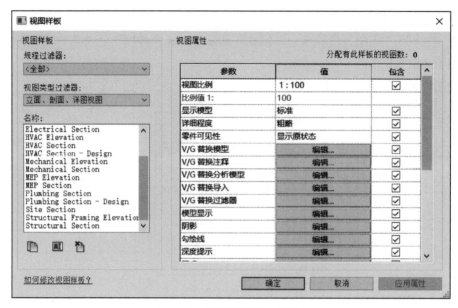

图 3-41 "视图样板"对话框

3.3 Revit 中的视图控制技巧

3.3.1 三维视图有关操作

（1）定点旋转。按住 Shift 键和鼠标中键拖动鼠标，可以实现三维视图旋转。三维视图旋转时，默认观察模型的轴心点为当前目标视点，不容易操作，可以先选择一个构件，此时轴心点是选定构件的中心点，再次旋转时，整个视图即可以选中的构件为中心进行旋转。

（2）控制土建链接模型显示。使用快捷键 VV，单击"Revit 链接"，可设置可见性、半色调和显示设置等参数，如图 3-42 所示。如果只是修改链接模型的透明度，则可以直接在"模型类别"中进行设置。

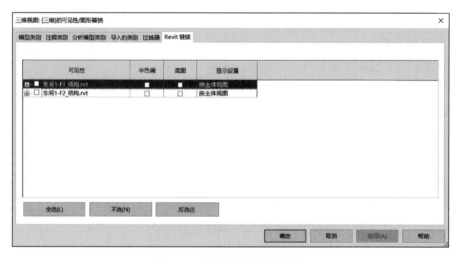

图 3-42 设置链接模型可见性

（3）局部三维视图。选中构件后，单击"局部三维视图"，如图 3-43 所示，可对选中的构件进行三维观察。

图 3-43　局部三维视图

新建的三维视图可以通过拖动剖面框控制显示范围。在三维视图中单击剖面框后，可从平面图中看到三维视图的范围，也可以在平面视图中拖动剖面框的边界。

管综建模过程中，调整翻弯时可以打开三个视图。左侧屏幕打开平面图和剖面图，剖面图用完就关掉，用快捷键 WT 和 TW 切换窗口检查是否平铺；右侧打开局部三维视图，便于检查管道空间的布置情况。

3.3.2　剖面视图有关操作

（1）指定新建剖面视图的视图样板。新建剖面会自带一个视图样板，也可以重新指定新建剖面的视图纸板，如图 3-44 所示。单击剖面属性选项板中的"编辑类型"，修改"查看应用到新视图的样板"，然后指定新的视图纸板，这样新建的剖面视图就不用再进行调整了。

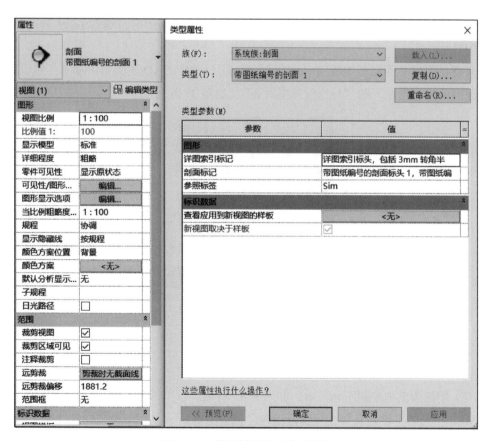

图 3-44　设置剖面视图默认样板

（2）快速切换到剖面视图。选中并右击剖面视图剖切线，然后按快捷键 G，即可快速进入剖面视图。

（3）快速调整剖面视图深度。新建的剖面视图范围过大时，可选中剖面线，修改属性栏中的"远剪裁偏移"数值，如图 3-45 所示。

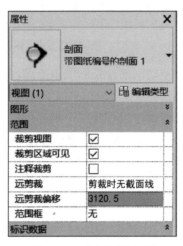

图 3-45　设置剖面范围

3.3.3　平面视图有关操作

（1）不同平面视图之间传递 CAD 底图。导入 CAD 底图时，通常选择"只在当前视图中显示"。

需要在不同平面视图中传递 CAD 图纸时，可以选中 CAD 底图单击复制，然后切换到新视图单击"粘贴"和"与当前视图对齐"，如图 3-46 所示。

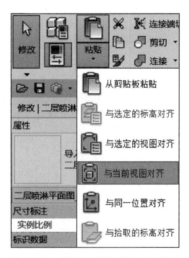

图 3-46　视图之间复制 CAD 底图

（2）用视图范围控制图元显示，如图 3-47 所示。

MEP 图元的特性是只要在视图范围内，就会全部显示。

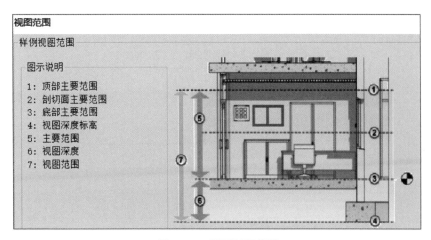

图 3-47　设置剖面范围

（3）机电图元显示控制。机电图元的颜色可以由过滤器和系统材质控制。过滤器的优先级大于系统材质。桥架没有系统材质，所以管道中风管可以用管道系统的"材质"控制图元颜色。

（4）利用视图样板传递过滤器，依次单击"视图"→"视图样板"→"从当前视图创建样板"，如图 3-48 所示。在视图样板属性中只保留过滤器。

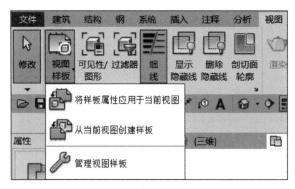

图 3-48　从当前视图创建视图样板

（5）利用视图规程控制视图样式。

视图还有"规程"属性，"建筑"规程下所有图元都会被显示，"结构"规程下非承重墙会被隐藏。"机械""管道""电气"规程下非 MEP 构件会被淡显，出图时可以防止 MEP 构件被墙体隐藏。建模和管线综合时可以突出显示 MEP 构件，且软件运行速度会大大加快，但是要注意此时梁和墙柱不易区分，需要设置梁或墙的填充图案加以区分。"建筑"规程下，设置土建链接模型可见性为"底图"，也能达到淡显的效果。

在"机械"规程下做剖面时，可能发生剖面符号不显示的情况。原因是剖面的规程是"建筑"，调整为"机械"后，即可在视图中显示。

学习笔记

第4章　Revit 给排水操作

【思维导图】

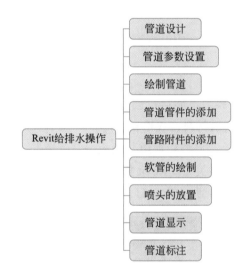

Revit给排水操作
- 管道设计
- 管道参数设置
- 绘制管道
- 管道管件的添加
- 管路附件的添加
- 软管的绘制
- 喷头的放置
- 管道显示
- 管道标注

【教学目标】

通过学习本章 Revit 给排水专业模块的基本知识，掌握管道系统的创建及编辑方法、管道系统参数设置的方法、管道附（配）件的添加方法以及管道显示及标注的方法，达到创建给排水系统模型的能力。

【教学要求】

能力目标	知识目标	权重
掌握管道系统的创建及编辑方法	了解管道系统的基本类型	20%
掌握管道系统参数设置的方法	了解管道系统参数设置的基本内容	20%
掌握管道系统及管道附（配）件绘制及修改的基本方法	熟悉管道系统及管道附（配）件构件的特性	40%
掌握管道显示及标注的方法	熟悉管道显示及标注的规范要求	20%

4.1 管道设计

Revit 为我们提供了强大的管道设计功能。利用这些功能，排水工程师可以更加方便、迅速地布置管道、调整管道尺寸、控制管道显示、进行管道标注和统计等。

本节将分以下几部分介绍这些功能。

（1）管道参数设置。定义管道类型、管段尺寸、流体参数等。

（2）绘制管道。基本绘制方法，管道放置和坡度设置，绘制管道占位符和软管。

（3）放置管件、阀门和设备。放置管件和阀门、设备连接管道。

（4）管道显示。包括视图详细程度、过滤器、管道图例、隐藏线和注释比例。

（5）管道标注。包括尺寸标注、标高标注和坡度标注。

4.2 管道参数设置

本节将着重介绍如何在 Revit 中设置管道参数，做好绘制管道的准备工作。

4.2.1 管道类型

Revit 中，管道是系统族，不能自行创建，只能复制、编辑和删除族类型。在管道类型中定义绘制管路中的管道材料、规格和管件。

单击"系统"选项卡→"卫浴和管道"面板→"管道"，通过绘图区域左侧的"属性"选项板选择和编辑管道的类型。Revit 提供的"Plumbing-DefaultCHSCHS.rte"项目样板文件中配置了两种管道类型："PVC-U- 排水"和"标准"，如图 4-1 所示。

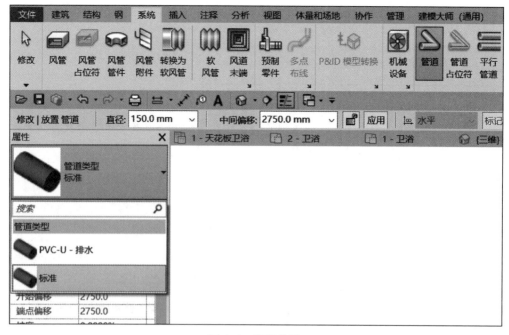

图 4-1 管道类型

单击"编辑类型"打开管道"类型属性"对话框，可以对管道类型进行配置，如图 4-2 所示。

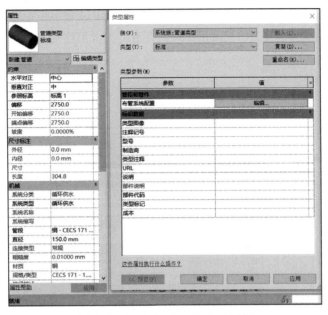

图 4-2 管道"类型属性"对话框

（1）单击"复制"可以在基于现有管道类型中添加新的管道类型。

（2）单击"重命名"可以修改已有管道类型的名称。

（3）单击"编辑"可以激活"布管系统配置"对话框，如图 4-3 所示。在"布管系统配置"对话框中，可进行以下几种操作。

　① 单击 ↑E 和 ↓E 可以快速调整管段和管件的顺序。

　② 单击 ✚ 和 ━ 可以添加或删除管段和管件。

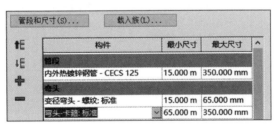

图 4-3 "布管系统配置"对话框

在对话框中出现的弯头、连接、四通、过渡件、活接头、法兰和管帽可以在绘制管道时自动添加。未列出的管件类型（Y 形三通）、斜四通等，则需要手动添加到管路中。

首选连接类型中可以选择 T 形三通和接头。当主管和支管尺寸相当时，选择 T 形三通作为首选连接类型。在主管和支管尺寸相差悬殊的情况下，可选择接头作为首选连接类型。

"布管系统配置"中，管道的材质规格和管件连接方式随着尺寸变化而变化，从而提高设计绘图效率。下面举两个例子说明。

图 4-3 中"布管系统配置"的消防管段设置，当管道尺寸在 15～350mm 时，将使用"内外热镀锌钢管"管段。管段属于某一管道类型，管道可由数个不同属性的管段组成。

图 4-4 中，设置消防系统的镀锌钢管管件，在管道尺寸小于 100mm 时，管道将使用螺纹连接；当管道尺寸不小于 100mm 时，管道将用卡箍连接。

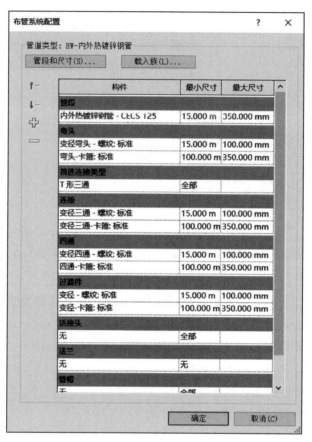

图 4-4 "布管系统配置"对话框

4.2.2 管段和尺寸设置

打开"机械设置"对话框的方式有以下几种。

● 功能区："管理"选项卡→"设置"面板→"MEP 设置"下拉菜单→"机械设置"（见图 4-5）

● 功能区："系统"选项卡→"卫浴和管道"面板→"机械"（见图 4-6）

● 快捷键 :MS

在 Revit 中，通过"机械设置"中的"管段和尺寸"选项设置当前项目文件中的管道尺寸信息。

1. 添加 / 删除管道尺寸

打开"机械设置"对话框后，选择"管段和尺寸"，右侧面板会显示可在当前项目中使用的管道尺寸列表。在 Revit 中，管道尺寸可以通过"管段"进行设置，"粗糙度"用于管道的水力计算。

图 4-7 显示了热熔对接的 PE63 塑料管，《给水用聚乙烯（PE）管材》（GB/T 13663—2000）中压力等级为 0.6MPa 的管道的公称直径、ID（管道内径）和 OD（管道外径）。

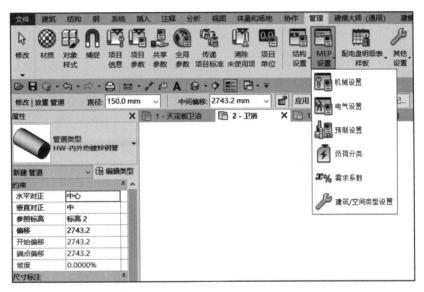

图 4-5　打开"机械设置"对话框

图 4-6　"机械"设置

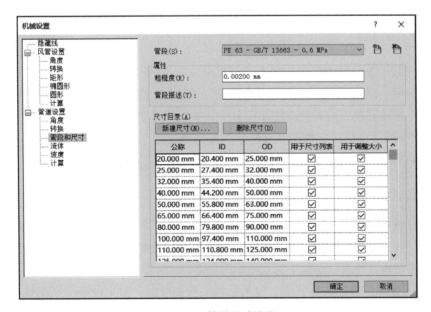

图 4-7　管道尺寸设置

单击"新建尺寸"或"删除尺寸"按钮可以添加或删除管道的尺寸。新建管道的公称直径和现有列表中管道的公称直径不允许重复。如果在绘图区域已绘制了某尺寸的管道，则该尺寸在"机械设置"尺寸列表中将不能删除，需要先删除项目中的管道，才能删除"机械设置"尺寸列表中的尺寸。

2. 尺寸应用

通过勾选"用于尺寸列表"和"用于调整大小"调节管道尺寸在项目中的应用。如果勾选一段管道尺寸的"用于尺寸列表"选项，则该尺寸可以被管道布局编辑器和"修改 | 放置管道"中管道"直径"下拉列表调用，在绘制管道时可以直接在选项栏的"直径"下拉列表中选择尺寸，如图 4-8 所示。如果勾选某一管道的"用于调整大小"选项，则该尺寸可以应用于"调整风管 / 管道大小"功能。

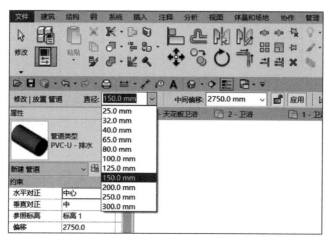

图 4-8　绘制管道选项栏

4.2.3　角度设置

在"机械设置"对话框中，单击"管道设置"下的"角度"，即可定义项目中管件族支持的角度。默认设置为"使用任意角度"，即绘制管路过程中，在管件族支持的情况下可以生成任意角度的管件。实际项目中，如果不希望出现任意角度的管件，则可以勾选"使用特定的角度"，如图 4-9 所示，根据该设置，在绘制管路过程中，管件仅出现 90° 和 45° 夹角。

4.2.4　转换设置

在"机械设置"对话框的"管道设置"下方单击"转换"，显示转换面板，用于指定"干管"和"支管"系统的布局解决方案使用的管道类型和参数，如图 4-10 所示。

管道类型和"转换"面板中的选项说明如下。

① 系统分类：选择系统分类，包括循环供水和回水、卫生设备、家用热水和冷水、消防和其他系统。

② 管道类型：指定选定系统类别要使用的管道类型。

③ 中间高程：指定当前标高之上的管道高度。可以输入偏移值或从建议偏移值列

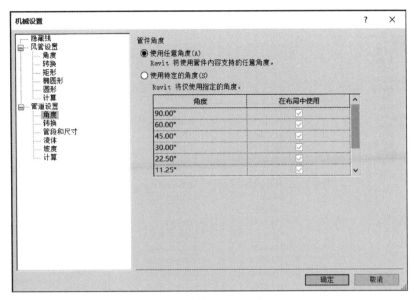

图 4-9 管道设置——角度

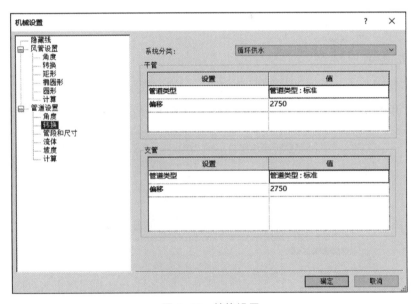

图 4-10 转换设置

表中选择值。

4.2.5 流体参数设置

在 Revit 中还可以对管道中流体的设计参数进行设置，提供管道水力计算依据。软件提供"水""丙二醇"和"乙二醇"三种流体。

在"机械设置"对话框中单击"流体"，通过右侧面板可以添加或者删除流体，还可以对不同温度下流体的"动态粘度"和"密度"进行设置，如图 4-11 所示。和"管段和尺寸"选项卡中的"新建尺寸"和"删除尺寸"类似，可通过"新建温度"和"删除温度"对流体设计参数进行编辑。

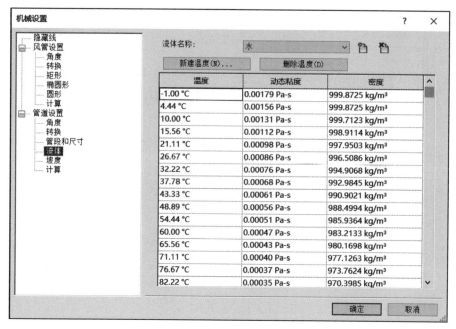

图 4-11　管道设置——流体

4.2.6　传递项目标准

单击"管理"选项板→"传递项目标准"，勾选"管段"，如图 4-12 所示，可以在各个项目文件间进行管段信息传递，避免在不同项目文件中多次输入管段尺寸。

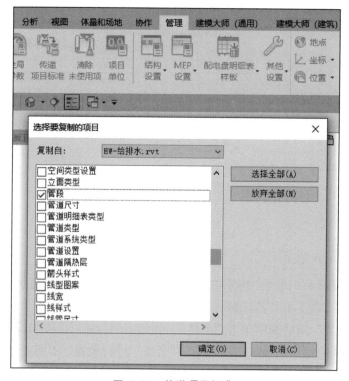

图 4-12　传递项目标准

练习 4-1：创建新类型的管道系统

（1）在项目浏览器中，选择"管道系统"中的"家用冷水"。

（2）右击"家用冷水"，在弹出的快捷菜单中选择"复制"命令。选择"家用冷水 2"，如图 4-13 所示，右击，在弹出的快捷菜单中选择"重命名"命令。输入"生活给水"，如图 4-14 所示。

图 4-13　创建管道系统"家用冷水 2"　　　图 4-14　创建管道系统"生活给水"

Revit 预定义了 11 种管道系统分类：循环供水、循环回水、卫生设备、家用热水、家用冷水、通风孔、湿式消防系统、干式消防系统、预作用消防系统、其他消防系统及其他。

可以基于预定义的 11 种系统分类添加新的管道系统类型，也可以添加多个属于"家用冷水"分类下的管道系统类型，但不允许定义新的管道系统分类，如不能自定义添加"燃气供应"系统分类。添加新的管道系统类型时要注意选择与之匹配的系统分类。

4.3　绘制管道

1.管道的布管系统配置

给排水管道的样式均为圆形，按照系统类型的不同可分为给水管道、排水管道、雨水管道、喷淋管道和消火栓管道等。按照材质的不同又可分为 PPR 管、UPVC 管、镀锌钢管和 PE 管等，可根据系统的要求选择相应材质的管道。在项目中创建管道系统时，除了要设定管道的系统外，还有一个重要的设置就是管道的布管系统配置。在绘制管道时，布管系统配置的设置决定了弯头、四通、过渡件等管件的样式。

● 功能区："系统"选项卡→"卫浴和管道"面板→"管道"

● 快捷键：PI

选择需要修改属性的管道类型，并修改相关参数。在类型选择器中选择某种管道类型，单击"编辑类型"进入"类型属性"对话框。单击"布管系级配置"选项后的"编辑"按钮，进入管道布管系统配置对话框，如图 4-15 所示。

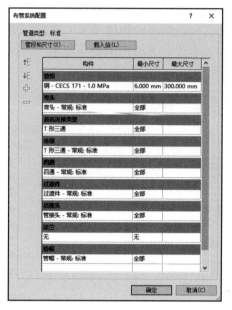

图 4-15　管道布管系统配置

在此对话框中，可看到与之前风管的布管系统配置有所不同，在每一项后面都增加了最小尺寸、最大尺寸设置。可根据管道尺寸大小的不同设定不同的管段材质和管件样式。

继续单击每项下边的选项，在下拉列表中根据项目的实际需求选择对应样式的管件。设置完成后单击"确定"按钮返回"类型属性"对话框，再次单击"确定"按钮返回绘制状态，完成设置。

2. 管道对齐设置

在平面视图和三维视图中绘制管道，可以通过"修改 | 放置管道"选项卡"放置工具"中的"对正"按钮指定管道的对齐方式。单击"对正"按钮，打开"对正设置"对话框，如图 4-16 所示。

水平对正：用来指定当前视图下相邻两段管道之间的水平对齐方式。"水平对正"方式有"中心""左"和"右"三种形式。"水平对正"的效果与画管方向有关。

水平偏移：用于指定管道绘制起始点位置与实际管道绘制位置之间的偏移距离。该功能多用于指定管道和墙体等参考图元之间的水平偏移距离。如设置"水平偏移"值为 500mm 后，捕捉墙体中心线绘制宽度为 100mm 的管段，这样实际绘制位置是按照"水平偏移"值偏移墙体中心线的位置。同时，该距离还与"水平对正"方式及画管方向有关，如图 4-17 所示。

垂直对正：用来指定当前视图下相邻两段管道之间的垂直对齐方式。"垂直对正"方式有"中""底"和"顶"三种形式。"垂直对正"的设置会影响"偏移量"。当默认偏移量为 100mm 时，公称管径为 100mm 的管道设置不同的"垂直对正"方式，绘制完成后的管道偏移量（管中心标高）不同。

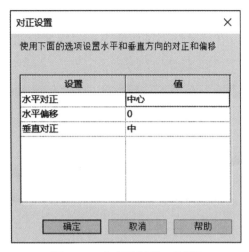

图 4-16 "对正设置"对话框

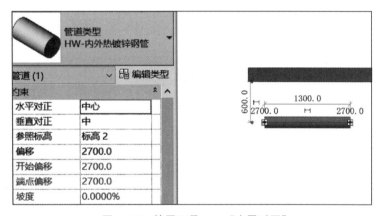

图 4-17 放置工具——"水平对正"

3. 管道绘制

在完成布管系统的设置后，就可以在绘图区域中绘制管道了。在平面视图、立面视图、剖面视图和三维视图中均可绘制管道。

进入管道绘制模式的方式有以下三种。

● 功能区：单击"系统"选项卡→"卫浴和管道"面板→"管道"（见图 4-18）

● 选中绘图区已布置构件族的管道连接件，右击，在弹出的快捷菜单中选择"绘制管道"命令

● 快捷键：PI

进入管道绘制模式，"修改 | 放置管道"选项卡和"修改 | 放置管道"选项栏被同时激活。

图 4-18 管道绘制模式

【操作步骤】

（1）选择管道类型。在"属性"对话框中选择需要绘制的管道类型，如图 4-19 所示。

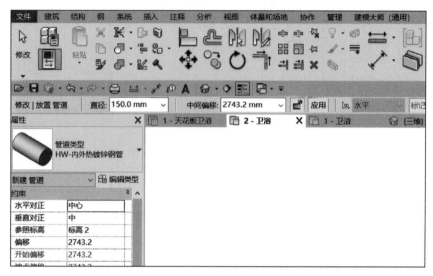

图 4-19　选择管道类型

（2）选择管道尺寸。在"修改 | 放置管道"选项栏的"直径"下拉列表中，选择在"机械设置"中设定的管道尺寸，也可以直接输入绘制的管道尺寸。如果在下拉列表中没有该尺寸，系统将从列表中自动选择和输入尺寸最接近的管道尺寸。

（3）指定管道偏移。默认"偏移量"是指管道中心线相对于当前平面标高的距离。重新定义管道"对正"方式后，"偏移量"指定的距离含义将发生变化。在"偏移量"下拉列表中可以选择项目中已经用到的管道偏移量，也可以直接输入自定义的偏移量数值，默认单位为 mm，如图 4-20 所示。

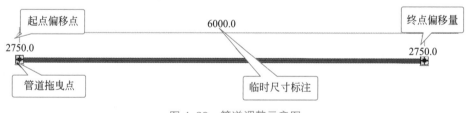

图 4-20　管道调整示意图

（4）指定管道起点和终点。将鼠标指针移至绘图区域，单击一点即可指定管道起点，移动至终点位置再次单击，即可完成一段管道的绘制。可以继续移动鼠标指针绘制下一管段，管道将根据管路布局自动添加在"类型属性"对话框中预设好的管件。绘制完成后，按 Esc 键，或者右击，在弹出的快捷菜单中选择"取消"命令，退出管道绘制。

4. 编辑管道

管道绘制完成后，每个视图中都可以使用"对正"命令修改管道的对齐方式。选中需要修改的管段，单击"修改 | 放置管道"选项卡中的"对正"按钮，进入"对正编辑器"，根据需要选择相应的对齐方式和对齐方向，单击"完成"按钮，如图 4-21 所示。

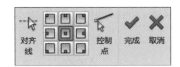

图 4-21　对正编辑器

5. 自动连接

"修改 | 放置管道"选项卡中的"自动连接"按钮用于某一段管道开始或结束时自动捕捉相交管道，并添加管件完成连接。默认情况下，这一选项是激活的。

当激活"自动连接"时，在两管段相交位置自动生成四通，如图 4-22 所示；如果不激活则不生成管件，如图 4-23 所示。

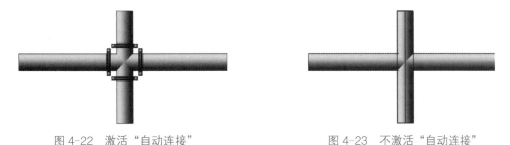

图 4-22　激活"自动连接"　　　　　　　图 4-23　不激活"自动连接"

6. 坡度设置

在 Revit 中，可以在绘制管道的同时指定坡度，也可以在管道绘制结束后再对管道坡度进行编辑。

1）直接绘制坡度

在"修改 | 放置管道"→"带坡度管道"面板中可以直接指定管道坡度，如图 4-24 所示。

图 4-24　指定管道坡度

可通过单击"向上坡度"按钮修改向上坡度的数值，或单击"向下坡度"按钮修改向下坡度的数值。

2）编辑管道坡度

编辑管道坡度有以下两种常用方法。

（1）选中某管段，单击并修改其起点和终点标高来获得管道坡度，如图 4-25 所示。当管段上出现坡度符号时，也可以单击该符号修改坡度值。

（2）选中某管段，单击功能区中"修改 | 管道"选项卡中的"坡度"，激活"坡度编辑器"选项卡，如图 4-26 所示。在"坡度编辑器"选项栏中输入相应的坡度值，单

击"坡度控制点"按钮可调整坡度方向。同样，如果输入负的坡度值，当前选择的坡度方向将反转。

图 4-25 编辑管道坡度

图 4-26 "坡度编辑器"选项栏

7. 管道的隔热层

Revit 可以为管道管路添加相应的隔热层。进入绘制管道模式后，单击"修改 | 管道"选项卡→"管道隔热层"→"添加隔热层"，输入隔热层的类型和所需要的厚度，将视觉样式设置为"线框"时，则可清晰地看到隔热层，如图 4-27 所示。

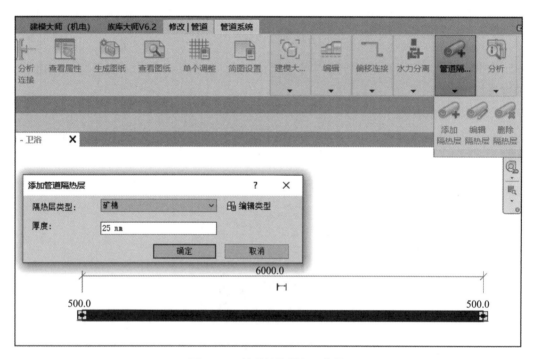

图 4-27 管道管路添加隔热层

4.4 管道管件的添加

通过使用该工具，可在项目中放置包括弯头、T 形三通、四通和其他类型的管道管件。

管件的特点是，有些管件具有插入特性，可放置在沿管段长度的任意点上；管件可在任何视图中放置，但是在平面视图和立面视图中往往更容易放置；在放置的过程中按空格键可循环切换可能的连接；管件的材质种类繁多，有 PVC、钢塑复合、不锈钢和铸铁等。

4.4.1　管件族的载入

根据具体项目的实际情况，在创建给排水系统模型前，将项目中需要的管件组类型文件载入当前项目中。

● 功能区：单击"系统"选项卡→"卫浴和管道"面板→"管件"

● 快捷键：PF

在"修改 | 放置管件"选项卡的"模式"面板中，单击"载入族"按钮，进入管道管件载入族对话框，如图 4-28 所示。

图 4-28　管道管件载入族对话框

根据管道材质找到相应文件目录下项目所需要的族 .rfa 文件，单击选择后，再单击"打开"按钮，这样需要的水管管件族就载入当前项目中了。此时在属性选项板类型选择器下拉列表中就能找到已载入的管件族。

4.4.2　管件的添加和修改

在项目中绘制管道时，由于前期已经对布管系统配置进行了设置，所以软件会根据两段管道的位置自动生成相应的水管管件，或者在管道的一端手动添加需要的管件。完成后再对这些管件进行进一步的修改和调整。

● 功能区：单击"系统"选项卡→"卫浴和管道"面板→"管件"

● 快捷键：PF

（1）管件的添加。当绘制管道出现相交时，管道管件将根据管道管段设置自动生成管件，如图 4-29 所示。

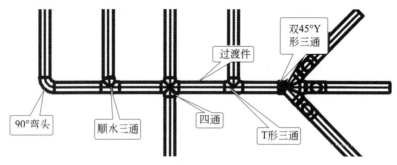

图 4-29　管件的添加

单击已绘制完成的水管管件，可继续在属性选项板类型选择器中，选取另一种尺寸类型的管件进行替换。也可在绘制一段管道后，单击"管件"按钮，在属性选项板类型选择器中选择某种管件，将指针移到管道的一端，可按空格键循环切换可能的连接，软件会自动捕捉管道与管件的中心线，单击放置管件，这时管件就会放置到管道的一端上。

（2）管件的修改。放置到项目中的管件，有时还需进一步调整，以满足项目的设计要求。其调整主要包括修改管件的尺寸、升级或降级管件、旋转管件和翻转管件。

① 修改管件的尺寸：在管道系统中选择一个管件，单击尺寸控制柄 150.0mm，然后输入所需尺寸的值，按 Enter 键完成修改。如图 4-30 所示，将 90° 弯头管件的尺寸从 150mm 调整为 100mm。

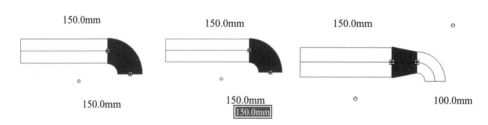

图 4-30　管件尺寸的调整

如果可能，软件会自动插入过渡件，以生成完整的管道系统。

② 升级或降级管件：在管道系统中选择一个管件（弯头、T 形三通），该管件旁边会出现蓝色的管件控制柄。如果管件的所有端都在使用中，则在管件的旁边就会被标记上加号。未使用的管件一端带有减号，表示可删除该端以使管件降级。如图 4-31 所示，将弯头升级为 T 形三通，单击不同位置的加号，生成的 T 形三通也不同。

图 4-31　管道管件的类型转换

③ 旋转管件：在管道系统中选择一个管件（T 形三通、四通或弯头），如图 4-32 所示，选择已连接到一端的弯头，单击显示出旋转控制柄即可修改管件的方向，可连续多次单击旋转控制柄，每单击一次，弯头就会旋转 90°，如此循环下去。

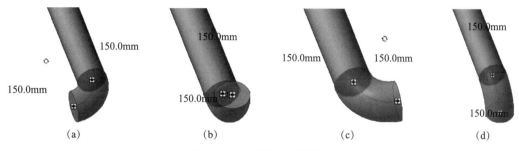

图 4-32　管道管件的旋转

在图 4-32 中，（a）图为起始状态，（b）图为第一次单击该管件旋转 90°；（c）图为第二次单击该管件再旋转 90°；（d）图为第三次单击该管件再旋转 90°。

④ 在管道系统中选择一个管件（T 形三通或四通），如图 4-33 所示，选择顺水三通后，单击出现的翻转控制柄即可修改管件的水平方向，每次单击管件翻转 180°，如图 4-33 中（b）图所示。

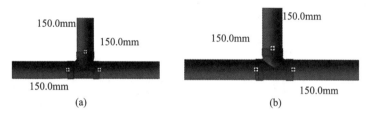

图 4-33　管道管件的翻转

4.5　管路附件的添加

通过使用该工具，在项目中放置包括各类阀门、地漏、清扫口和其他类型的管路附件。

放置管路附件时，在现有管道上方拖曳可继承该管道的尺寸。附件可嵌入放置，也可放置在管道末端。管路附件可在任何视图中放置，在平面视图和立面视图中更容易放置。在插入点附近按 Tab 键或空格键可循环切换可能的连接。

4.5.1　管路附件的载入

根据具体项目实际的情况，在创建给排水系统模型前，将项目中需要的附件族类型文件载入当前项目。

● 功能区：单击"系统"选项卡→"卫浴和管道"面板→"管路附件"命令

● 快捷键：PA

在"修改 | 放置管路附件"选项卡中的"模式"面板中，单击"载入族"按钮，进入"载入族"对话框，通过"China- 机电－给排水附件"步骤查找到给排水附件文件

夹，如图 4-34 所示。

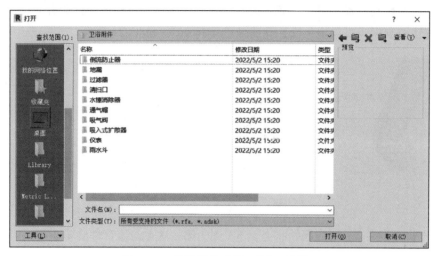

图 4-34　管路附件"载入族"对话框

在该文件夹目录下，可看到管路附件包括的种类，根据项目需要的附件类型找到相应文件目录下的族 .rfa 文件，单击选择后，再单击"打开"按钮，完成载入。有些族在载入的过程中会出现"指定类型"对话框，如图 4-35 所示。根据实际情况，选择相应的尺寸类型，可一次性选择多个类型，单击"确定"按钮。

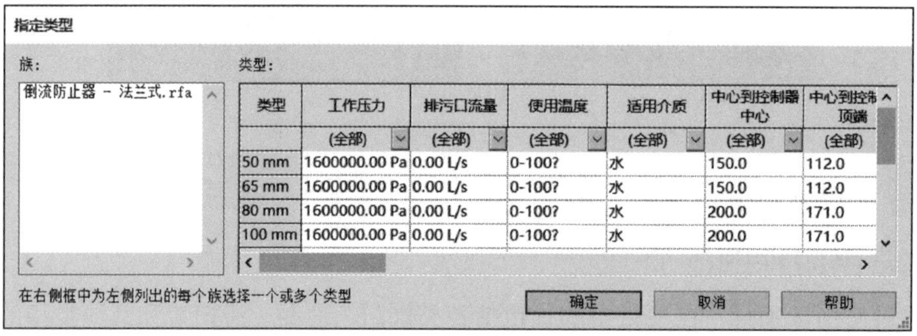

图 4-35　"指定类型"对话框

管路附件载入当前项目中以后，在属性选项板类型选择器下拉列表中可找到已载入的管路附件族。

4.5.2　管路附件的添加

可在项目中绘制完成各段管段后，再在现有的管道上添加管路附件，也可一边绘制管道一边进行添加，根据设计者的习惯而定。

● 功能区：单击"系统"选项卡→"卫浴和管道"面板→"管路附件"

● 快捷键：PA

【操作步骤】

（1）将视图切换到管道所在的平面。

（2）单击已绘制完成的管道，在选项栏中查看管道的直径大小，如图 4-36 所示。

<table>
<tr><td>修改 | 管道</td><td>直径: 150.0 mm ▽</td><td>偏移: 1300.0 mm ▽</td></tr>
</table>

图 4-36　"修改 | 管道"选项栏

（3）执行快捷键 PA，选择管道附件族类型，并设置相关参数。

在属性选项板类型选择器中选择要放置的管路附件类型，若类型选择器中没有与管道相匹配的尺寸，则先单击选择某一尺寸，然后单击"编辑类型"按钮进入管道附件族类型属性对话框，先复制，并按照管道直径修改名称，然后再修改尺寸标注下的"公称直径"参数，最后赋予某种材质，如图 4-37 所示。

图 4-37　管道附件族类型属性对话框

设置完成后，单击"确定"按钮返回放置状态，在实例属性中设置限制条件下的标高。对于闸阀，其偏移量可不指定，将闸阀添加到管道的某一点上，软件会自动将该点的偏移量指定为闸阀的偏移量高度。

（4）放置管道附件。将指针移到绘图区域中的管道处，预放置管道附件会在平面图上随着指针移动，移动到管道上的添加位置附近时，按 Tab 键或空格键可循环切换可能的连接，当管道附件中心线与管道的中心线重合时，会高亮显示此线，单击完成放置。

4.5.3　管路附件的修改

添加到管道上的管路附件有时还需进一步调整，以满足实际的设计要求，其调整主要有旋转附件和翻转附件。

【操作步骤】

管路附件的调整与管件的调整有相似之处，都是通过单击控制柄对附件进行旋转或翻转。如图 4-38 所示，单击已放置好的闸阀，在其附近会显示其控制柄，单击控制柄可完成对管路附件的调整。

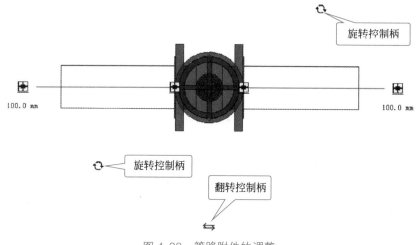

图 4-38　管路附件的调整

在平面视图下对管路附件进行调整，调整显示效果不明显时，可将视图切换到三维视图模式下进行调整。

4.6　软管的绘制

使用软管工具可在管道系统中绘制圆形软管。

软管的特点就是绘制具有灵活性。在绘制软管时，可像绘制样条曲线一样，不断改变软管的轨迹。也可通过单击添加顶点。从另一个构件布线时，按空格键可匹配高程和尺寸。软管只有圆形软管的一种类型。

4.6.1　软管的配置

在绘制前，需要设置软管的类型属性参数，主要的参数设置就是软管的管件部分。

● 功能区：单击"系统"选项卡→"卫浴和管道"面板→"软管"

● 快捷键：FP

在属性选项板类型选择器下拉列表中选取圆形软管，单击"编辑类型"按钮进入软管类型属性对话框，如图 4-39 所示。

类型属性的设置主要是设置"管件"面板下的各项参数，单击每一项的后一栏，可在下拉列表中选择管件的具体样式。完成各参数设置后，单击"确定"按钮返回。

4.6.2　软管的绘制

在完成类型属性参数设置后，可在绘图区域中绘制软管。绘制时注意按照以下步骤

图 4-39　软管类型属性对话框

进行。

● 功能区：单击"系统"选项卡→"卫浴和管道"面板→"软管"

● 快捷键：**FP**

【操作步骤】

（1）将视图切换到绘制软管的标高平面。

（2）按快捷键 FP 后，选择软管类型并设置相关参数。在属性选项板中，从类型选择器下拉列表中选取圆形软管。在属性选项板中继续设置软管的实例属性，主要有参照标高、软管样式以及系统类型的设定。

（3）在选项栏参数中设置软管的直径和偏移量高度。

（4）绘制软管。在绘图区域中的指定位置单击作为软管的起点，软管的绘制轨迹为样条曲线，在转折处单击即可转变方向继续绘制，以最后一次单击作为软管的终点，按 Esc 键退出绘制状态。

在绘制过程中，若将要绘制的软管的直径、偏移量等在之前绘制过，则可直接选择已绘制完成的软管管段，然后右击，在命令功能区中选择"创建类似实例（S）"命令，软件自动跳转到绘制软管状态，且各参数值与选择的软管一致。

4.6.3　软管的修改调整

完成软管的绘制后，可单击选择需要再次进行修改的管段，通过各种方式对软管进行修改调整，以满足设计要求。

单击选择某管段软管，在软管平面图上会出现几个特殊的符号，如图 4-40 所示。

图 4-40 管道的修改调整

① 拖曳端点：可用来重新定位软管的端点和长度。可通过它将软管连接到另一个构件上，或断开软管与系统的连接。

② 修改切点：出现在软管的起点和终点处，可用来调整第一个弯曲处和第二个弯曲处的切点。

③ 顶点：在软管整体长度上，可用来修改软管弯曲位置处的点。

除通过软管自身的符号对软管进行调整外，在选取软管后，还可在属性选项板中进一步调整软管的各项参数，以满足项目的设计要求。

4.7 喷头的放置

通过该工具，可根据项目中空间的几何图形和分区要求放置喷水装置。

4.7.1 喷头的载入

根据具体项目的实际情况，在放置喷头族前，将项目中需要的族类型文件载入当前的项目中。

● 功能区：单击"系统"选项卡→"卫浴和管道"面板→"喷头"

● 快捷键：SK

在"修改|放置喷头"选项卡的"模式"面板中，单击"载入族"按钮，进入喷头载入族对话框，通过"China- 消防 - 给水和灭火 - 喷头"查找到"喷淋头"文件栏，如图 4-41 所示。

图 4-41 将喷头载入族对话框

在该文件夹下，根据项目需要，选择需要的族类型 .rfa 文件，单击"打开"按钮，需要的喷头族就载入当前项目中。在属性框类型选择器下拉列表中就能找到已载入的新喷头族。

4.7.2　喷头的放置和管道连接

完成喷头的载入后，就可把需要的喷头类型按照设计要求放置到指定的区域位置，然后再进行相应的管道连接。

● 功能区：单击"系统"选项卡→"卫浴和管道"面板→"喷头"
● 快捷键：SK

【操作步骤】

（1）将视图切换到布置喷头的标高平面。

（2）按快捷键 SK 后，选择喷头类型并设置相关参数。在类型选择器下拉列表中选取喷头的类型，如 ZSTX-15-79℃，"15"表示喷头的公称直径，"79℃"表示喷头爆破时的最低火点温度值。按照此方法选取相应的喷头类型。选取后，在属性选项板中设置喷头的偏移量高度值，单击"编辑类型"按钮，可在"类型属性"对话框中设置喷头的材质。

（3）喷头的布置。将指针移到绘图区域，这时喷头以圆形的平面图形式跟随着指针移动，在合适的位置上，单击放置喷头。

（4）喷头与管线的连接。布置完成各区域的喷头后，可将布置的喷头连接到管道上形成一个完整的系统，也可一边布置喷头一边与相应的管道进行连接。

先在喷头的上方绘制相应的喷淋管道，然后通过"连接到"命令，将喷头连接到对应的管道上，如图 4-42 所示。

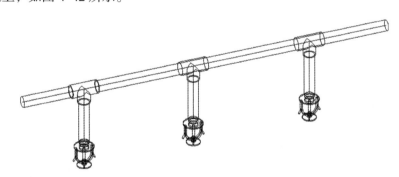

图 4-42　将喷头连接到对应的管道

系统会自动在喷头与管段之间生成相应的管道和管件，可根据实际情况修改和调整部分喷淋支管的公称直径，系统会自动生成过渡件以确保系统的完整性。

4.8　管道显示

在 Revit 中可以控制管道的显示，以满足不同的设计和出图的需要。

1. 视图详细程度

Revit 有三种视图详细程度：粗略、中等和精细，如图 4-43 所示。

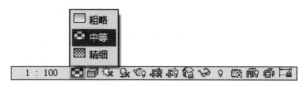

图 4-43　视图详细程度

在粗略和中等详细程度下，管道默认为单线显示；在精细视图下，管道默认为双线显示。在创建管件和管路附件等相关族时，应注意配合管道显示特性，尽量使管件和管路附件在粗略和中等详细程度下单线显示，精细视图下双线显示，确保管路看起来协调一致。

在"模型类别"选项卡中可以设置管道的可见性。既可以根据整个管道族类别进行控制，也可以根据管道族的子类别进行控制。可通过勾选控制其可见性。

"模型类别"选项卡中的"详细程度"选项还可以控制管道族在当前视图显示的详细程度。默认情况下为"按视图"，遵守"粗略和中等管道单线显示，精细管道双线显示"的原则。也可以设置为"粗略""中等"或"精细"，这时管道显示不再根据当前视图详细程度的变化而变化，而始终保持所选择的详细程度。

2. 过滤器

在 Revit 视图中，如需要对当前视图中的管道、管件和管路附件等根据某些原则进行隐藏或区别显示，可以通过"过滤器"功能来完成，如图 4-44 和图 4-45 所示。这一方法在分系统显示管路上用得较多。

图 4-44　楼层平面——可见性 / 图形替换

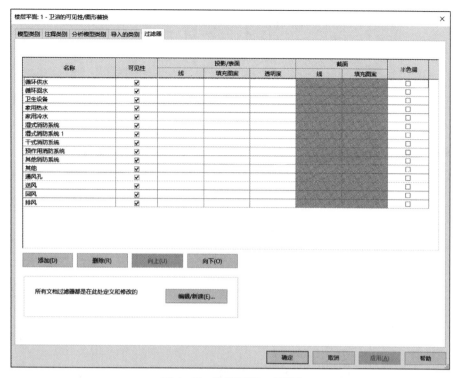

图 4-45　"过滤器"对话框

单击"编辑/新建"按钮，打开"过滤器"对话框，如图 4-46 所示，"过滤器"的族类别可以选择一个或多个，同时可以勾选"隐藏未选中类别"复选框，"过滤条件"可以使用系统自带的参数，也可以使用创建的项目参数或者共享参数。

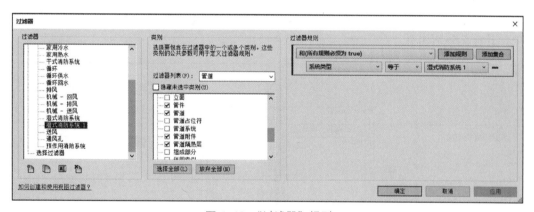

图 4-46　"过滤器"规则

3. 管道图例

在平面视图中，可以根据管道的某一参数对管道进行着色，帮助用户分析系统。

1）创建管道图例

单击"分析"选项卡→"颜色填充"→"管道图例"，如图 4-47 所示，将图例拖曳至绘图区域，单击确定放置后，选择颜色方案，如"管道颜色填充 - 尺寸"，Revit 将根据不同管道尺寸给当前视图中的管道配色。

图 4-47　颜色填充——管道图例

2）编辑管道图例

选中已添加的管道图例，单击"修改 | 管道颜色填充图例"选项卡→"方案"→"编辑方案"，打开"选择颜色方案"对话框，如图 4-48 所示。

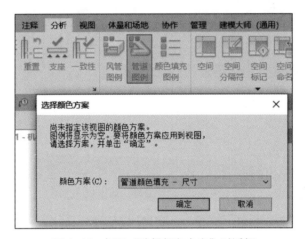

图 4-48　打开"选择颜色方案"对话框

在"颜色"下拉列表中选择相应的参数，这些参数值都可以作为管道配色的依据，如图 4-49 所示。"编辑颜色方案"对话框右上角有"按值""按范围"和"编辑格式"选项，其意义分别如下。

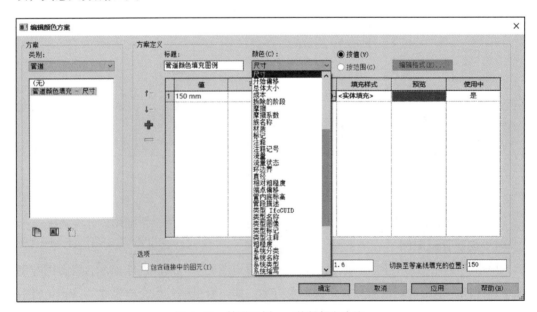

图 4-49　管道图例——编辑颜色方案

按值：按照所选参数的数值作为管道颜色方案条目。

按范围：对于所选参数设定一定的范围作为颜色方案条目。

编辑格式：可以定义范围数值的单位。

图 4-49 为添加完成的管道图例，可根据图例颜色判断管道系统设计是否符合要求。

4. 隐藏线

打开"机械设置"对话框，如图 4-50 所示，左侧"隐藏线"用于设置图元之间交叉、发生遮挡关系时的显示。

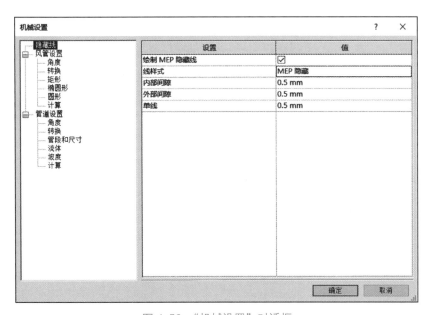

图 4-50　"机械设置"对话框

选择"隐藏线"，右侧面板中各参数的含义如下。

绘制 MEP 隐藏线：按照"隐藏线"选项所指定的线样式和间隙绘制管道。

线样式：指在勾选"绘制 MEP 隐藏线"的情况下，遮挡线的样式。

内部间隙／外部间隙／单线：这三个选项用来控制在非"细线"模式下隐藏线的间隙，允许输入数值的范围为 0.019。"内部间隙"为指定在交叉段内部出现的线的间隙，"外部间隙"为指定在交叉段外部出现的线的间隙。"内部间隙"和"外部间隙"控制双线管道／风管的显示。在管道／风管显示为单线的情况下，没有"内部间隙"的概念，因此，"单线"用来设置单线模式下的外部间隙。

5. 注释比例

在管件、管路附件、风管管件、风管附件、电缆桥架配件和线管配件这几类族的类型属性中都有"使用注释比例"这个设置，这一设置用来控制上述几类族在平面视图中的单线显示，如图 4-51 所示。

除此之外，在"机械设置"对话框中也能对项目中的使用注释比例进行设置，如图 4-52 所示。默认状态为勾选。如果取消勾选，则后续绘制的相关族将不再使用注释比例，但之前已经出现的相关族不会被更改。

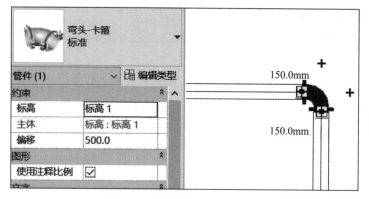

图 4-51 "使用注释比例"设置

图 4-52 "机械设置"对话框

4.9 管道标注

管道的标注在设计过程中不可或缺。本节将介绍在 Revit 中如何进行管道的各种标注，包括尺寸标注、编号标注、标高标注和坡度标注四类。

管道尺寸和管道编号是通过注释符号族进行标注的，在平面、立面和剖面视图中均可使用。管道标高和坡度是通过尺寸标注系统族进行标注的，在平面、立面、剖面和三维视图中均可使用。

1. 尺寸标注

1）基本操作

Revit 中自带的管道注释符号族"管道尺寸标记"可以用来进行管道尺寸标注，下面介绍两种方式。

（1）管道绘制的同时进行标注。进入绘制管道模式后，单击"修改|放置管道"选项卡→"标记"→"在放置时进行标记"，绘制出的管道将会自动完成管径标注。

（2）管道绘制完成后再进行管径标注。单击"注释"选项卡→"标记"面板→"载入的标记"，可以查看当前项目文件中加载的所有标记族。某个族类别下排在第一位的标记族为默认的标记族。当单击"按类别标记"按钮后，Revit 将默认使用"管道尺寸标记"，如图 4-53 所示。

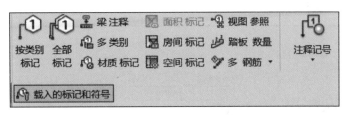

图 4-53　载入的标记和符号

单击"注释"选项卡→"标记"→"按类别标记"，将鼠标指针移至视图窗口的管道上，如图 4-54 所示。上下移动鼠标指针可以选择标注出现在管道上方还是下方，确定注释位置单击完成标注。

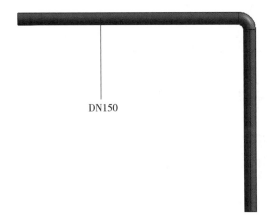

图 4-54　完成管道标注

2）标记修改

Revit 中为用户提供了以下功能方便修改标记，如图 4-55 所示。

（1）"水平""竖直"可以控制标记放置的方式。

（2）可以通过勾选"引线"复选框，确认引线是否可见。

（3）勾选"引线"复选框即引线，可选择引线为"附着端点"或"自由端点"。"附着端点"表示引线的一个端点固定在被标记图元上，"自由端点"表示引线两个端点都不固定，可进行调整。

图 4-55　修改标记

3）尺寸注释符号族修改

在 Revit 中自带的管道注释符号族"管道尺寸标记"和国内常用的管道标注有些许不同，可以按照以下步骤进行修改。

（1）在族编辑器中打开"管道尺寸标记 .rfa"。

（2）选中已设置的标签"尺寸"，在"修改标签"选项卡中单击"编辑标签"。

（3）删除已选标签参数"尺寸"。

（4）添加新的标签参数"直径"，并在"前缀"列中输入"DN"，如图 4-56 所示。

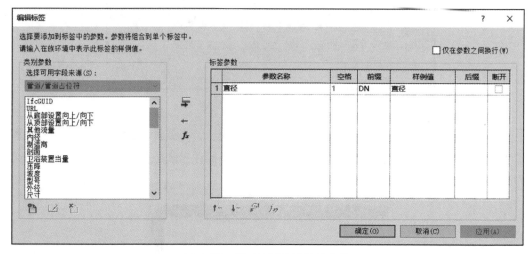

图 4-56　尺寸注释符号族的修改

（5）将修改后的族重新加载到项目环境中。

（6）单击"管理"→"设置"→"项目单位"，选择"管道"规程下的"管道尺寸"，将"单位符号"设置为"无"。

（7）按照前面介绍的方法，进行管道尺寸标注。

2. 标高标注

单击"注释"→"尺寸标注"→"高程点"标注管道标高，如图 4-57 所示。

图 4-57　通过"高程点"标注管道标高

打开高程点族的"类型属性"对话框，在"类型"下拉列表中可以选择相应的高程点符号族，如图 4-58 所示。重点参数含义如下。

① 引线箭头：可根据需要选择各种引线端点样式。

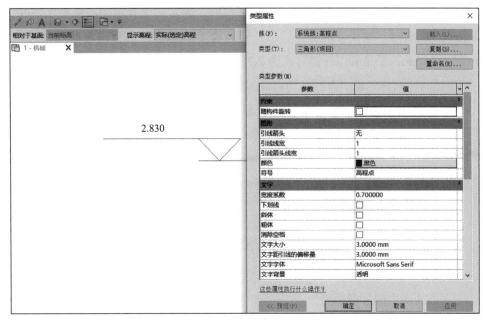

图 4-58　选择高程点符号族

② 符号：这里将出现所有高程点符号族，选择刚载入的新建族即可。

③ 文字与符号的偏移量：为默认情况下文字和"符号"左端点之间的距离，正值表示文字在"符号"左端点的左侧；负值表示文字在"符号"左端点的右侧。

④ 文字位置：控制文字和引线的相对位置。

⑤ 高程指示器 / 顶部指示器 / 底部指示器：允许添加一些文字、字母等，用来提示出现的标高是顶部标高还是底部标高。

⑥ 作为前缀 / 后缀的高程指示器：确认添加的文字、字母等在标高中出现的形式是前缀还是后缀。

下面具体介绍在各视图中管道标高的操作步骤。

1）平面视图中的管道标高

平面视图中的管道标高注释需在精细模式下进行（在单线模式下不能进行标高标注）。一根直径为 150mm、偏移量为 2750mm 的管道在平面视图中的标高标注如图 4-59 所示。

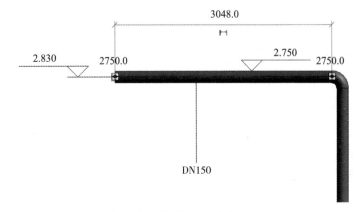

图 4-59　平面视图中的标高标注

从图 4-59 中可以看出，标注管道两侧标高时，显示的是管道中心标高 2.750m。标注管道中线标高时，默认显示的是管顶外侧标高 2.830m。单击管道属性查看可知，管道外径为 108mm，于是管顶外侧标高为 2.750+0.159/2=2.830（m）。

选中标高，调整"显示高程"即可显示管底标高（管底外侧标高）。

Revit 中提供了四种选择："实际（选定）高程""顶部高程""底部高程"及"顶部和底部高程"。选择"顶部高程和底部高程"后，管顶和管底标高同时被显示出来，如图 4-60 所示。

图 4-60　调整"显示高程"

2）立面视图中的管道标高

与平面视图不同，立面视图中在管道单线即粗略、中等的视图情况下也可以标注标高，但此时仅能标注管道中心的标高。倾斜管道上的标高值将随鼠标指针在管道中心线上的移动而实时更新变化。如果在立面视图中标注管顶或者管底标高，则需要将鼠标指针移到管道端部捕捉端点才能完成，如图 4-61 所示。

图 4-61　管顶或管底标高标注

在立面视图中也能对管道截面进行管道中心、管顶和管底标注。

当对管道截面进行管道标注时，为了方便捕捉，建议关闭"可见性 / 图形替换"对话框中管道的两个子类别"升""降"，如图 4-62 所示。

3）剖面视图中的管道标高

剖面视图中的管道标高与立面视图中的管道标高原则一致，这里不再赘述。

4）三维视图中的管道标高

在三维视图中，管道单线显示下标注的是管道中心标高；双线显示下标注的是所捕捉的管道位置的实际标高。

3. 坡度标注

单击"注释"→"尺寸标注"→"高程点坡度"标注管道坡度。

进入"系统族：高程点坡度"可以看到控制坡度标注的一系列参数。高程点坡度标注与之前介绍的高程标注非常相似，这里不再赘述。

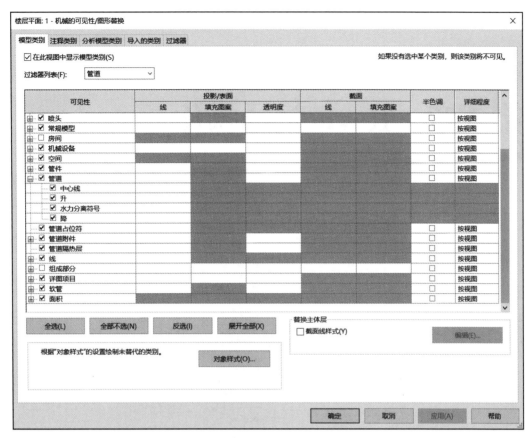

图 4-62　"可见性 / 图形替换"对话框

学习笔记

本章微课

Revit 系统管道设置和管道创建

第 5 章　Revit 暖通操作

【思维导图】

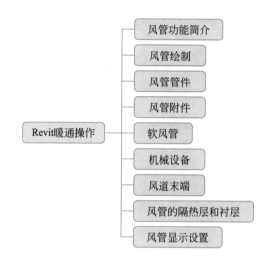

【教学目标】

通过学习本章 Revit 暖通专业模块的基本知识，掌握风管系统的创建及编辑方法、风管系统参数设置的方法；掌握风管管件、风管附件、软风管、机械设备以及风道末端的添加方法；掌握风管隔热层、衬层的添加以及风管显示及标注的方法，达到创建暖通专业系统模型的能力。

【教学要求】

能力目标	知识目标	权重
掌握风管系统的创建及编辑方法	了解风管系统的基本类型	20%
掌握风管系统参数设置的方法	了解风管系统参数设置的基本内容	20%
掌握风管、风管管件、风管附件、软风管、机械设备以及风道末端绘制及修改的基本方法	熟悉风管、风管管件、风管附件、软风管、机械设备以及风道末端构件的特性	40%
掌握风管的隔热层、衬层添加方法	了解风管的隔热层、衬层的规范要求	10%
掌握风管显示及标注的方法	熟悉风管显示及标注的规范要求	10%

本章主要讲解 Revit 在暖通模块中的实际应用操作，包括风管、风管占位符、风管管件、风管附件、软风管、风管末端以及机械设备等模块的创建。

5.1　风管功能简介

Revit 提供了强大的管道设计和三维建模功能，可以直观地反映系统布局，实现所见即所得。Revit 可根据设计要求对风管、管道等进行设计，有效提高设计者的准确性和效率。

本节主要从以下几方面介绍风管属性和绘制技巧。

（1）风管设计参数。主要包含风管类型、尺寸、绘制角度和水力计算等设置。

（2）风管绘制。主要介绍风管和软管、风管占位符的绘制方法，以及风管隔热层和内衬的设置。

（3）风管显示。介绍如何设置风管的显示和标注。

在绘制风管系统前，先设置风管设计参数：风管类型、风管系统及风管尺寸。

5.1.1　风管类型设置

单击功能区中的"系统"→"风管"，通过绘图区域左侧的"属性"对话框选择和编辑风管的类型，如图 5-1 所示。

图 5-1　风管类型设置

Revit 提供的"机械样板"项目样板文件中默认设置了三种类型的圆形风管、四种类型的椭圆形风管及四种类型的矩形风管。默认的风管类型与风管连接方式有关，如图 5-2 所示。

图 5-2　风管类型设置

单击"编辑类型"按钮，打开"类型属性"对话框，可以对风管类型进行添加，如图 5-3 和图 5-4 所示。

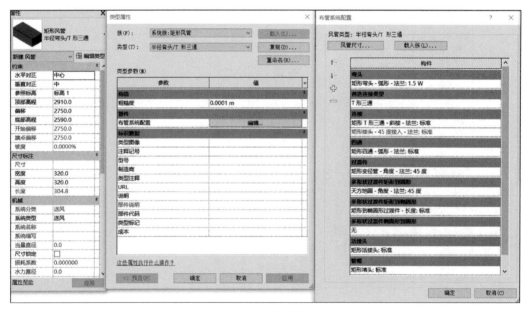

图 5-3　添加风管类型

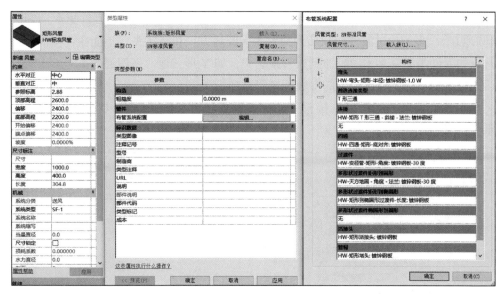

图 5-4 添加风管类型 - 红瓦

单击"复制"按钮，可以在已有风管类型基础模板上添加新的风管类型，如图 5-5 所示。

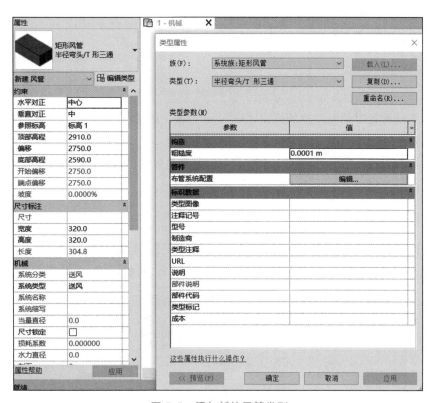

图 5-5 添加新的风管类型

通过编辑"布管系统配置"列表，配置各类型风管管件族。可以指定绘制风管时自动添加到风管管路中的管件，以及编辑风管的常用尺寸。

以下管件类型可以在绘制风管时自动添加到风管中：弯头、T 形三通、接头、四通、过渡件（变径）、多形状过渡件矩形到圆形（天圆地方）、多形状过渡件矩形到椭圆形（天圆地方）、多形状过渡件椭圆形到圆形（天圆地方）和活接头。不能在"构件"列表中选取的管件类型需要手动添加到风管系统中，如 Y 形三通、斜四通等。

通过编辑"标识数据"中的参数为风管添加标识。

单击"风管尺寸"可以直接打开"机械设置"对话框，编辑风管尺寸，如图 5-6 所示。

图 5-6　"布管系统配置"对话框

布管系统配置对话框左侧的按钮"⌐⌐""⌐⌐""➕"和"➖"是针对管道管件配置设计的，在风管管件配置中很少使用，主要用于水管系统。

在"机械设置"中的"转换"选项卡可以定义送风、回风和排风这三种基本风管系统分类，以及绘制风管时默认使用的风管类型。

5.1.2　风管系统设置

在进行风管系统的创建之前，需要在项目中对系统进行相关的设置。

单击"管理"选项卡→"MEP 设置"下拉列表→"机械设置"，如图 5-7 所示。

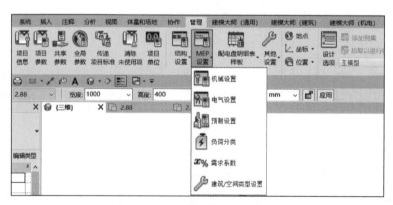

图 5-7　打开"机械设置"对话框

● 功能区:"系统"选项卡→"机械设备"(见图 5-8)

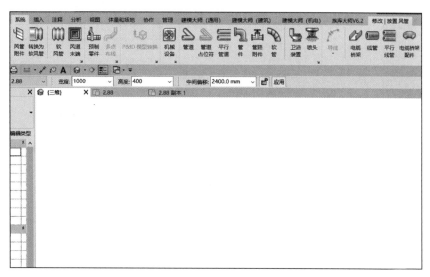

图 5-8　"系统"选项卡→"机械设备"

● 功能区:"系统"选项卡→"HVAC"面板→ HVAC →"机械设置"
● 快捷键:MS

【操作步骤】

按上述执行方式执行,弹出"机械设置"对话框,如图 5-9 和图 5-10 所示。

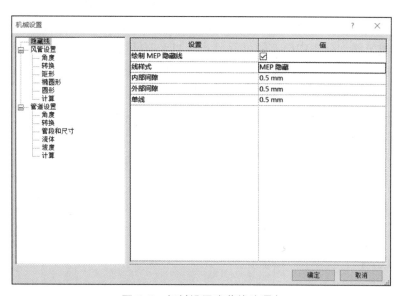

图 5-9　机械设置隐藏线选项卡

通过左侧的树状选项栏选择风管设置,在对应的后面选项中设置其参数,一般按照具体项目要求进行设置。风管系统的设置主要有角度、转换、矩形、椭圆形、圆形和计算几项,单击每一项都可进行相关的设置,设置完成后单击"确定"按钮返回。

图 5-10　机械设置风管设置选项卡

5.1.3　风管尺寸设置

　　打开"机械设置"对话框后，单击"矩形""椭圆形""圆形"可以分别定义对应形状的风管尺寸。单击"新建尺寸"或者"删除尺寸"按钮可以添加或删除风管的尺寸。软件不允许重复添加列表中已有的风管尺寸。如果项目绘图区域已存在某尺寸的风管，该尺寸在"机械设置"尺寸列表中将不能删除，如需要删除该风管尺寸，必须先删除项目中的风管，才能删除"机械设置"列表中的尺寸，如图 5-11 所示。

图 5-11　设置风管尺寸

"机械设置"对话框中几个较为常用的参数含义如下。

风管设置－矩形：通过勾选"用于尺寸列表"和"用于调整大小"可以定义风管尺寸在项目中的应用。如果勾选某一风管尺寸的"用于尺寸列表"，该尺寸就会出现在风管布局编辑器和"修改 | 放置风管"选项卡中风管"宽度""高度""直径"下拉列表中。在绘制风管时可以直接选择选项栏中"宽度""高度""直径"下拉列表中的尺寸。

风管设置－角度：在"角度"选项卡中可以定义风管弯头以及斜接三通 / 四通的角度。

在"机械设置"对话框的"管道设置"选项中，可以对风管尺寸进行标注及对管道内流体参数等进行设置，如图 5-12 所示。

图 5-12　"管道设置"选项

管道设置－为单线管件使用注释比例：如果勾选该复选框，在屏幕视图中，风管管件和风管附件在粗略显示程度下，将会以"风管管件注释尺寸"参数所指定的尺寸显示，默认情况下，这个设置是勾选的。如果取消勾选，后续绘制的风管管件和风管附件族将不再使用注释比例显示，但之前已经布置到项目中的风管管件和风管附件族不会更改，仍然使用注释比例显示。

风管管件注释尺寸：指定在单线视图中绘制的风管管件和风管附件的出图尺寸。无论图纸比例为多少，该尺寸始终保持不变。

矩形风管尺寸后缀：指定附加到根据"实例属性"参数显示的矩形风管尺寸后面的符号。

风管连接件分隔符：指定在使用两个不同尺寸的连接件时用来分隔信息的符号。

风管升 / 降注释尺寸：指定在单线视图中绘制的风管升 / 降注释的出图尺寸。无论图纸比例为多少，该尺寸始终保持不变。

练习 5-1: 创建新类型的风管系统

（1）在项目浏览器"风管系统"中创建"SF_送风"，如图 5-13 所示。

（2）右击"SF_送风"，在弹出的快捷菜单中选择"复制"命令。选择"SF_送风 2"，右击，在弹出的快捷菜单中选择"重命名"命令。输入"SF_高压送风"，如图 5-14 所示。

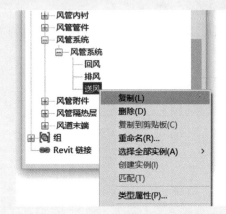

图 5-13　创建风管系统"SF_送风"

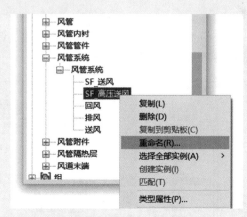

图 5-14　创建风管系统"SF_高压送风"

Revit 预定义三种风管系统分类：送风、回风和排风，可以添加多个属于"送风"分类下的管道系统类型，但不允许定义新的风管系统分类。

5.2　风管绘制

5.2.1　布管系统配置

风管按照其样式的不同可分为矩形风管、圆形风管和椭圆形风管。

在项目中绘制风管时，除了要选择风管的样式以及设置其相关参数，还有一个重要的设置就是风管的布管系统配置。布管系统配置的设置，决定了在绘制风管时，弯头、四通、过渡件等管件的样式。

● 功能区："系统"选项卡→"HVAC"面板→"风管"

● 快捷键：DT

【操作步骤】

（1）将视图切换到风管所在的机械平面。

（2）按快捷键 DT，在属性框中选择需设置的风管，单击"编辑类型"按钮进入"类型属性"对话框，单击"布管系统配置"选项后的"编辑"按钮，进入"布管系统配置"对话框，如图 5-15 所示。

在此对话框中单击每项下边的选项栏，在下拉列表中，根据项目的实际需求选择该风管类型的管件。如果没有该风管类型的管件，可通过对话框中的"载入族"按钮进行设置。设置完成后，单击"确定"按钮返回"类型属性"对话框，设置完成类型属性参数后再次单击"确定"按钮返回绘制状态，完成设置。

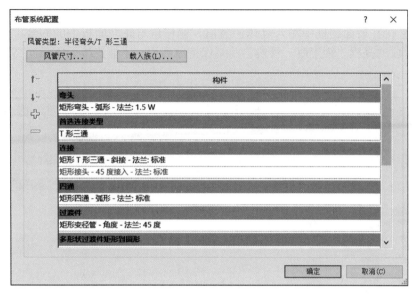

图 5-15　"布管系统配置"对话框

5.2.2　绘制风管

在平面、立面、剖面视图和三维视图中均可绘制风管。

风管绘制模式有以下几种方式。

● 功能区："系统"选项卡→"风管"（快捷键 DT）（见图 5-16）

图 5-16　"修改 | 放置风管"选项栏

● 选中绘图区已布置构件族的风管连接件，右击鼠标，单击快捷菜单中的"绘制风管"

● 选中绘图区已布置的构件族，单击风管连接件图标

● 直接输入"DT"

进入风管绘制模式后，"修改 | 放置风管"选项卡和"修改 | 放置风管"选项栏被同时激活。

【操作步骤】

（1）将视图切换到风管所在的机械平面。

（2）按快捷键 DT 后选择风管类型。在属性框中，从类型选择器下拉列表中选取需要绘制的风管类型，注意区分半径弯头、斜接弯头以及 T 形三通和接头。

（3）属性的设置。在属性框中继续设置风管的实例属性，主要有参照标高、偏移量

以及系统类型的设定，其他参数基本都是灰显只读状态。

（4）选项栏的设置。在选项栏中设置风管的宽度和高度，若下拉列表中没有想要的尺寸，可直接在后面的框中输入具体的数值，偏移量与属性面板中的一致。指示锁定/解锁管段的高程。锁定后，管段会始终保持原高程，不能连接处于不同高程的管段，如图 5-17 所示。

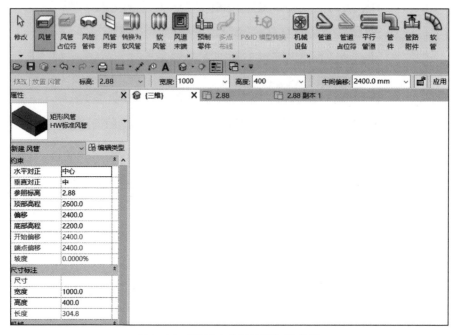

图 5-17 "修改 | 放置风管"选项栏

（5）放置工具面板的设置。在"上下文"选项卡中的"放置工具"面板中，继续进行相关选项的设置。

① 自动连接：表示在开始或结束风管管段时，可自动连接构件上的捕捉。此项对于连接不同高程的管段非常有用。但当沿着与另一条风管相同的路径以不同偏移量绘制风管时应取消选择"自动连接"，以避免生成意外连接。

② 继承高程：表示继承捕捉到的图元的高程。继承大小表示继承捕捉到的图元的大小。

③ 忽略坡度以连接：表示控制使用当前的坡度值进行倾斜圆形风管连接，还是忽略坡度值直接连接。此项只适用于在放置圆形风管时使用。

④ 在放置时进行标记：表示在视图中放置风管管段时，将默认注释标记应用到风管管段。

（6）绘制风管。绘制风管有水平风管绘制和垂直风管绘制两种方法。

① 水平风管绘制方法：在绘图区域中的指定位置处单击以作为风管的起点，水平滑动鼠标，在另一位置上单击，然后将指针朝着垂直的方向滑动，再次单击作为风管的终点，按 Esc 键退出绘制状态，软件在拐弯处自动生成相应的弯头。

② 垂直风管绘制方法：设置第一次的偏移量高度，在绘图区域中单击，保持此状

态，将选项栏中的偏移量设置为另一高度值。单击选项栏中的"应用"按钮两次，按 Esc 键退出绘制状态，生成风管的立管。

在绘制过程中，若将要绘制的风管尺寸、偏移量等在之前绘制过，可直接选择已绘制完成的风管管段。右击，在命令功能区中选择"创建类似实例"命令，软件自动跳转到绘制风管状态，且各参数值与选择的风管一致。

提示

风管绘制完成后，在任意视图中，可以使用"修改类型"命令修改风管的类型。选中需要修改的管段，单击功能区中的"修改类型"。打开风管"属性"对话框，可以直接更换风管类型或单击"编辑类型"编辑当前风管类型。该功能支持选择多段风管（含管件）的情况下，进行风管类型的替换，除风管"机械"分组下的属性被更新外，管件也将被更新成新风管类型的配置。

提示

如果在设计过程中更新了某种风管类型的属性或设置，可以通过"重新应用类型"将更新的属性应用到之前使用该类型风管绘制的管段中。例如，将"矩形风管：斜接弯头/T形三通"的默认弯头由"矩形弯头/斜接"更新为"矩形弯头/弧形"，选中之前绘制的风管，单击"重新应用类型"，之前绘制的风管随之更新使用弧形弯头。

5.2.3　风管管道类型及大小调整

在完成某段风管的绘制后，若发现尺寸、偏移量等参数有误，可选择风管进行相应的修改调整。

【操作步骤】

（1）选择已绘制完成的某段风管，如图 5-18 所示，各符号表示的含义已标注。

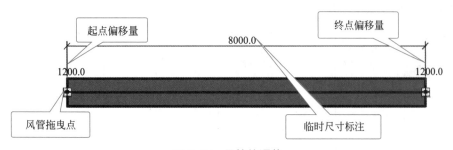

图 5-18　风管的调整

（2）在绘图区域，可根据上述显示的符号修改风管的长度及起点、终点偏移量高度值。

（3）在属性框中，单击类型选择器下拉列表中的风管类型，可选择新的类型加以替换。还可在属性框中修改其对正、参照标高、偏移量、系统类型等参数。

（4）在选项栏中，修改风管的宽度值和高度值。

5.2.4 风管的对正设置

在绘制风管时，风管的对正设置非常重要，有时根据项目实际情况，风管需要靠墙边敷设或梁底敷设，这时设定对正方式是很有必要的。

● 功能区："系统"选项卡→"HVAC"面板→"风管"

● 快捷键：DT

在绘制风管的状态下，单击"修改 | 放置风管"选项卡→"放置工具"面板→"对正"按钮，弹出如图 5-19 所示的"对正设置"对话框。

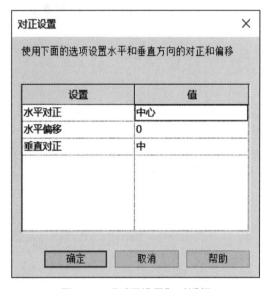

图 5-19 "对正设置"对话框

设置参数项说明如下。

① 水平对正：当前视图下，以风管的"中心""左"或"右"侧边缘作为参照，将相邻两段风管边缘水平对齐。"水平对正"的效果与画管方向有关，自左向右绘制风管时，选择不同的"水平对正"方式效果如图 5-20 所示。

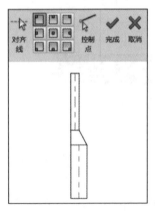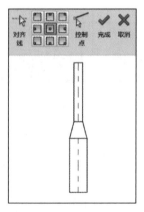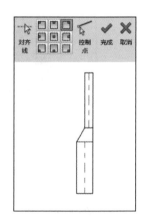

图 5-20 "放置工具"选项卡——水平对正

② 水平偏移：用于指定风管绘制起始点位置与实际风管和墙体等参考图元之间的水平偏移距离。"水平偏移"的距离和"水平对齐"设置与风管方向有关。

③ 垂直对正：当前视图下，以风管的"中""底"或"顶"作为参照，将相邻两段风管边缘垂直对齐。

"垂直对正"的设置决定风管"偏移量"指定的距离。不同"垂直对正"方式下，偏移量为 2200mm 绘制风管的效果如图 5-21 所示，三维显示效果如图 5-22 所示。

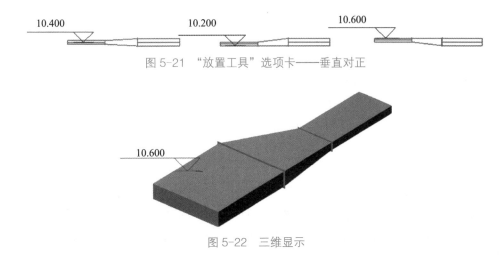

图 5-21　"放置工具"选项卡——垂直对正

图 5-22　三维显示

对正设置既可在此时进行设置，也可在绘制风管时，在属性框中的限制条件面板中进行设置，两者同步更新。

5.2.5　风管占位符

风管占位符可绘制不带弯头或 T 形三通管件的风管位置布局。占位符风管显示为不带管件的单线几何图形。使用占位符风管可在设计仍然处于未知状态时获得连接良好的系统，然后在以后的设计阶段进行优化。占位符风管可转换为带有管件的风管。

● 功能区："系统"选项卡→"HVAC"面板→"风管占位符"

【操作步骤】

（1）将视图切换到风管所在的机械平面。

（2）绘制风管占位符。绘制的步骤与绘制风管完全一致，单击"风管占位符"，在属性框中选择风管的类型，设置实例属性参数，在选项栏中设置风管的尺寸数据、宽度和高度值。

设置完成后，在绘图区域进行绘制，完成后，按 Esc 键退出绘制状态。

（3）风管占位符的调整。在后期的详细设计中，可将早期绘制的风管占位符转化为模型中的实际风管样式。

选择要转换的占位符单线，在"修改 | 风管占位符"选项卡的"编辑"面板中，单击"转换占位符"按钮，这时软件自动将单线转化为实际的风管样式。

转换后的风管可继续单击选择修改和调整风管的参数值，以满足项目的设计要求。

5.3 风管管件

通过使用风管管件工具，在项目中放置包括弯头、T 形三通、四通和其他类型的风管管件。

风管管件的特点是有些风管管件具有插入特性，可放置在整个风管的任意点。风管管件可在任何视图中放置，在平面视图和立面视图中更容易放置。在放置的过程中按空格键可循环切换可能的连接。风管管件的样式也很多，有矩形、圆形、椭圆形、多形状等。

5.3.1 风管管件族的载入

根据具体项目的实际情况，在创建暖通系统模型前，将项目中需要的管件族类型文件载入当前的项目中，方便以后的创建工作。

- 功能区："系统"选项卡→"HVAC"面板→"风管管件"
- 快捷键：DF

【操作步骤】

（1）按上述执行方式执行。

（2）在"修改 | 放置风管管件"选项卡的"模式"面板中，单击"载入族"按钮，进入"载入族"对话框，选择"风管管件"文件夹下对应的风管管件族文件，如图 5-23 所示。

图 5-23 风管管件"载入族"对话框

选择后，单击"打开"按钮，相应的风管管件族就载入当前的项目中了。在属性框类型选择下拉列表中就能找到已载入的管件族了。

5.3.2 风管管件的绘制

在项目中绘制风管时，软件会根据两段风管的位置自动生成相应的风管管件，或者在风管的一端手动添加需要的管件。

● 功能区："系统"选项卡→"HVAC"面板→"风管管件"

● 快捷键：DF

【操作步骤】

（1）按上述执行方式执行。

（2）在属性框类型选择器下选取某种风管管件，将指针移动到风管的一端，按空格键循环切换可能的连接，软件会自动捕捉风管与管件的中心线，单击放置管件即可将管件放置到风管末端。

5.3.3　风管管件的调整

放置到项目中的风管管件有时还需进一步调整，以满足项目的设计要求。其调整主要包括修改风管管件的尺寸、升级或降级管件、旋转管件和翻转管件。

【操作步骤】

（1）修改风管管件的尺寸。在风管系统中选择一个管件，单击尺寸控制柄 360.0×360.0，然后输入所需尺寸的值，对于矩形和椭圆形风管，必须分别输入宽度和高度尺寸控制柄的值。如图 5-24 所示，矩形弯头管件的尺寸从 360.0×360.0 调整为 500.0×360.0。

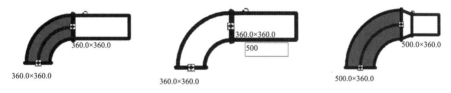

图 5-24　风管管件大小的调整

如果可能，软件会自动插入过渡件，以维护系统的连接完整性。

（2）升级或降级管件。在风管系统中选择一个管件（弯头、T 形三通），该管件旁边会出现风管管件控制柄。如果管件的所有端都在使用中，在管件的旁边就会被标记上加号。未使用的管件一端带有减号，表示可删除该端以使管件降级。如图 5-25 所示，将弯头升级为 T 形三通，单击不同位置的加号生成的 T 形三通也不同。

单击 ⇕ 符号可以实现管件水平或垂直翻转 180°。

单击 ↻ 符号可以旋转管件。注意：当管件连接了风管后，该符号不会再出现。

如果管件的所有连接件都连接了风管，则可能出现"+"，表示该管件可以升级。例如，弯头可以升级为 T 形三通、T 形三通可以升级为四通等。

如果管件有一个未使用连接风管的连接件，则在该连接件的旁边可能出现"-"，表示该管件可以降级。

（3）旋转管件。在风管系统中选择一个管件（T 形三通、四通或弯头），选择已连接到一端的弯头，这时在弯头附近会显示出旋转控制柄，单击旋转控制柄可修改管件的方向，可连续多次单击旋转控制柄，每单击一次，弯头就会旋转 90°，如此循环下去。

在图 5-26 中，（a）图为起始状态，（b）图为第一次单击将弯头旋转 90°；（c）图为第二次单击将该管件再旋转 90°；（d）图为第三次单击将该管件再旋转 90°。

（4）翻转管件。在风管系统中选择一个管件（T形三通或四通），选择 T 形三通后，在 T 形三通的附近出现了翻转控制柄，单击翻转控制柄即可修改管件的水平方向，每次单击都能将管件翻转 180°，如图 5-27 所示。

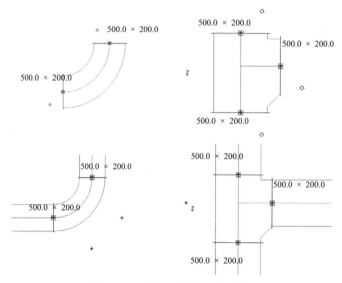

图 5-25　风管管件类型的调整

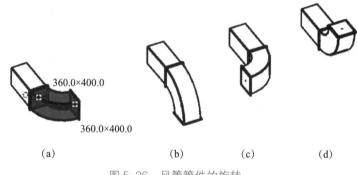

（a）　　　　　　　　（b）　　　（c）　　　（d）

图 5-26　风管管件的旋转

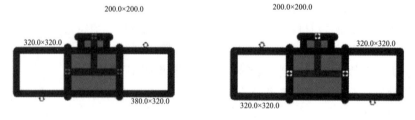

图 5-27　风管管件的翻转

5.4　风管附件

通过风管附件工具，可在项目中放置包括风阀、过滤器和其他类型的风管附件。

放置风管附件时，拖曳到现有风管上可继承该风管的尺寸。风管附件可在任何视图

中放置，在平面视图和立面视图中更容易放置。在插入点附近按 Tab 键或空格键可循环
切换可能的连接。

5.4.1　风管附件族的载入

根据项目实际的情况，在创建暖通系统模型前，将项目中需要的附件族类型文件载
入当前项目中。

● 功能区：“系统”选项卡→“HVAC”面板→“风管附件”

● 快捷键：**DA**

【操作步骤】

（1）单击“系统”选项卡中的“风管附件”按钮，在“修改 | 放置风管附件”选项
卡的“模式”面板中，单击“载入族”按钮，进入“载入族”对话框，选择需要载入的
风管附件族文件，如图 5-28 所示。

图 5-28　风管附件“载入族”对话框

（2）单击选择后，再单击“打开”按钮，完成载入。有些族在载入的过程中会出现
“指定类型”对话框，如图 5-29 所示。根据实际情况，选择相应的尺寸类型，一次性可
选择一个或多个类型，单击“确定”按钮。

完成风管附件族的载入后，在属性框类型选择器下拉列表中就能找到已载入的风管
附件族了。

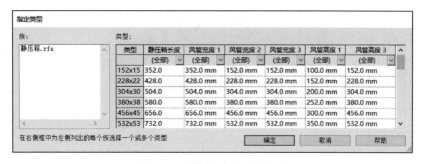

图 5-29　“指定类型”对话框

5.4.2 风管附件的添加

在项目中绘制完成各段风管后，可在现有的风管上添加风管附件，也可边绘制风管边进行添加，可根据设计者的习惯而定。

● 功能区："系统"选项卡→"HVAC"面板→"风管附件"

● 快捷键：DA

【操作步骤】

（1）将视图切换到风管所在的机械平面视图。

（2）单击已绘制完成的风管，在选项栏中查看风管的尺寸大小，如图 5-30 所示。

图 5-30　风管选项栏

（3）按快捷键 DA，在属性框类型选择器中选择将要放置的风管附件。

（4）将指针移到绘图区域中的风管处，排烟阀的平面图会跟随着指针移动，移动到风管上的添加位置附近时，按 Tab 键或空格键可循环切换可能的连接，当排烟阀的中心线与风管的中心线重合时，单击完成放置，如图 5-31 所示。

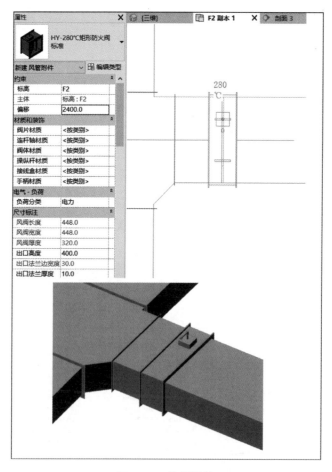

图 5-31　编辑管件

5.4.3　风管附件的调整

添加到风管上的风管附件，有时还需进一步调整，以满足实际的设计要求。其调整主要有旋转风管附件和翻转风管附件。风管附件的调整与风管管件的调整有相似之处，都是通过单击控制柄进行旋转或翻转操作。如图 5-32 所示，单击已放置好的风管附件，在其附近会显示其控制柄，单击控制柄以完成对风管附件的调整。在平面视图下对风管附件进行调整，其观察效果不是很明显，可将视图切换到三维视图模式下进行调整。

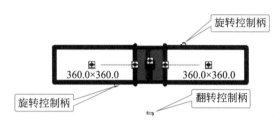

图 5-32　风管附件的旋转

5.5　软风管

使用软风管工具可在系统管网中绘制矩形和圆形软风管。

软风管的特点是具有绘制灵活性。在绘制软风管时，可像绘制样条曲线一样，不断改变软风管的轨迹，也可通过单击添加顶点。从另一个构件布线时，按空格键可匹配高程和尺寸。软风管分为矩形软风管和圆形软风管两类。

5.5.1　软风管的类型属性设置

与绘制风管一样，在绘制前需要设置软风管的类型属性参数，主要的参数设置为布管系统配置。

● 功能区："系统"选项卡→"HVAC"面板→"软风管"

● 快捷键：FD

执行"软风管"命令，如图 5-33 所示。在属性框类型选择器下拉列表中选取矩（圆）形软风管，单击"编辑类型"按钮进入其类型属性对话框，如图 5-34 所示。

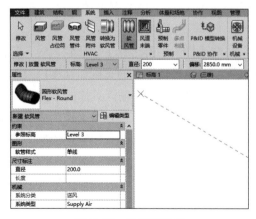

图 5-33　软风管绘制

图 5-34　软风管类型属性对话框

　　类型属性的设置主要是在"设置管件"面板下的下拉列表中选择管件的具体样式。完成各参数设置后，单击"确定"按钮返回。

5.5.2　软风管的绘制

　　在完成类型属性参数设置后，就可在绘图区域中绘制软风管了。绘制时注意按照以下步骤进行。

● 功能区："系统"选项卡→"HVAC"面板→"软风管"

● 快捷键：**FD**

【操作步骤】

　　（1）将视图切换到风管所在的机械平面。

　　（2）执行软风管（FD）命令，选择软风管类型并设置属性参数。在软风管样式一栏下拉列表中，可选择在平面绘制时软风管的样式，包括圆形、单线、椭圆形等，软件默认为单线样式。在属性框中，从类型选择器下拉列表中选取圆（矩）形软风管。在属性框中继续设置软风管的实例属性，主要有参照标高、软风管样式以及系统类型的设定。

　　（3）选项栏的设置。在选项栏中，若选择了圆形软风管，只需设置其直径和偏移量即可；若选择了矩形软风管，需设置软风管的宽度、高度以及偏移量。若下拉列表中没有想要的尺寸，可直接在对应项后面的框中输入具体的数值。

　　（4）绘制软风管。在绘图区域中的指定位置单击作为软风管的起点，软风管的绘制轨迹为样条曲线，所以在转折处单击即可转变方向继续绘制，以最后一次单击作为软风管的终点，按 Esc 键退出绘制状态。

　　在绘制过程中，若将要绘制的软风管尺寸、偏移量等在之前绘制过，可直接选择已绘制完成的软风管管段。右击，在命令功能区中选择"创建类似实例（S）"命令，软件自动跳转到绘制软风管状态，且各参数值与选择的软风管一致。

5.5.3　软风管的调整

完成软风管的绘制后，可单击选择需要再次进行修改的管段，通过各种方式对软风管进行调整，以满足设计要求。

（1）单击选择某管段软风管，在软风管平面图中出现了几个特殊的符号，如图5-35所示。

图 5-35　软风管的调整

符号的含义说明如下。

① 拖曳端点：可用来重新定位软风管的端点和线性长度。可通过它将软风管连接到另一个构件上，或断开软风管与系统的连接。

② 修改切点：出现在软风管的起点和终点处，可用来调整第一个弯曲处和第二个弯曲处的切点。

③ 顶点：出现在软风管整体长度上，可用来修改软风管弯曲位置处的点。

（2）除可通过软风管自身的符号进行调整外，在选取软风管后，还可在属性框中、选项栏中进一步调整软风管的各项参数，以满足项目的设计要求。

5.6　机械设备

在软件中机械设备以族文件形式放置到项目中，例如风机、锅炉等。

机械设备是构建暖通系统的一个重要组成部分，其主要特点如下。

多样性：机械设备的种类很多，如加热器、热交换器、散热器等，每一个板块下都对应着各式各样的设备族。

连接性：机械设备往往连接到多种类型的系统，如热水、给水、电气系统等。

灵活性：机械设备有些是主体族，有些是非主体族，放置时也很灵活，易操作，易编辑。

5.6.1　机械设备族的载入

根据具体项目的实际情况，在放置机械设备族前，将项目中需要的族类型文件载入当前的项目中。

● 功能区："系统"选项卡→"机械设备"面板→"机械设备"

● 快捷键：ME

【操作步骤】

（1）按快捷键 ME，弹出"机械设备"对话框。

（2）在"修改 | 放置机械设备"选项卡的"模式"面板中，单击"载入族"按钮，

进入"载入族"对话框，选择需要载入的机械设备族文件后，单击"打开"按钮，执行机械设备族文件的载入，如图 5-36 所示。

图 5-36 机械设备"载入族"对话框

完成机械设备族文件的载入后，在实例属性框类型选择器下拉列表中就能找到载入的机械设备族了。

5.6.2 机械设备的放置及管道连接

完成设备族的载入后，可把设备实例放置到项目模型中，并与已有的各种管道进行连接，形成完整的系统。

● 功能区："系统"选项卡→"机械设备"面板→"机械设备"

● 快捷键：ME

【操作步骤】

（1）执行"机械设备"（ME）命令。选择族类型并设置相关参数。

在类型选择器下拉列表中选择需要添加的机械设备族，选择相关族及类型时可结合类型搜索功能。放置前需要根据项目实际情况调整设备的各项参数，包括类型属性参数和实例参数。单击"编辑类型"按钮，进入机械设备类型属性对话框，如图 5-37 所示。

在类型属性框中，该族文件已包含的参数项均对应相关数值，根据项目的实际情况更改对应项的参数值，包括材质、机械参数、尺寸大小等，完成后单击"确定"按钮返回放置状态。

在属性框中设置该族的实例参数，主要是放置标高设置以及基于标高的偏移量。设置完成后单击"应用"按钮。

（2）选择放置基准。在"放置基准"面板下选择放置基准，包括放置在垂直面上、放置在面上和放置在工作平面上三种方式。

（3）放置机械设备族。将指针移到绘图区域，指针附近会显示设备的平面图随着指针的移动而移动。这时按空格键可对设备进行旋转，每按一次空格键，设备旋转 90°。

图中：

参数	值	
材质和装饰		
锅炉材质	<按类别>	
电气		
电压	380.00 V	
极数	3	
负荷分类	采暖	
电气 - 负荷		
视在负荷	11000.00 VA	
尺寸标注		
出口到进口距离	1450.0	
出口到前板距离	790.0	
出口半径	75.0 mm	
出口直径	150.0 mm	
安全阀半径	25.0 mm	
安全阀直径	50.0 mm	
天燃气进口半径	40.0 mm	

类型属性
族(F): 热水锅炉 - 燃气 - 卧式 - 2800 - 14000 kW　载入(L)...
类型(T): 标准　复制(D)...
重命名(R)...
类型参数
<< 预览(P)　确定　取消　应用

图 5-37　机械设备类型属性对话框

在指定位置处单击放置设备，再次单击设备，可通过修改临时尺寸标注值将设备放置到更为精确的位置上。

（4）机械设备管道的连接。在项目中放置机械设备后，下一步要将机械设备连接到系统中，也就是将机械设备与对应的管道进行连接。连接的方法有以下两种，可根据实际情况选择。

① 若采用绘制管道与已有的管道连接的方法，单击选择已放置的设备，这时会显示出所有与该设备连接的管道连接件，如图 5-38 所示。

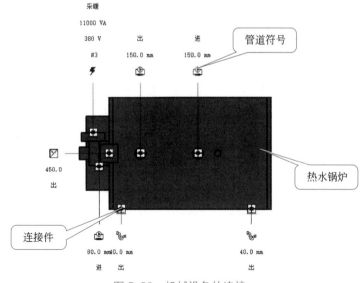

图 5-38　机械设备的连接

此时在图 5-38 中所示的管道符号或连接件加号上右击，在快捷菜单中，选择绘制管道或软管等，如图 5-39 所示。

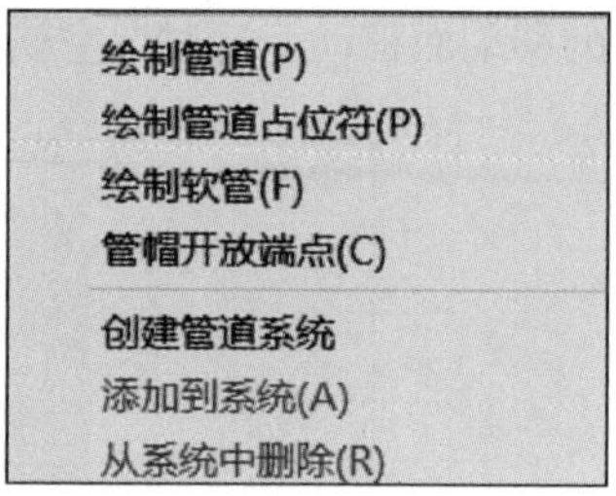

选择"绘制管道"选项，这时软件进入绘制管道状态，在属性框中设置管道的类型属性参数和实例属性参数，然后根据该系统预留管的位置，绘制设备与预留管之间的管段。同种方法可绘制设备的其他系统管道。

② 若采用设备连接到管道的方法，软件能够快速根据设备与预留管之间的位置，自动生成连接方案。这种方法快速、简单，但有时出于空间位置狭小等原因软件不能生成相应的管道，需要按照上述方法手动绘制。

单击已放置的设备，在"修改 | 机械设备"选项卡的"布局"面板中单击"连接到"按钮，软件会弹出"选择连接件"对话框，如图 5-40 所示，对话框中的连接件均是该设备族在创建时添加的。

在此对话框中，可以了解要与该设备连接的管道系统类型，以及管道样式、尺寸大小等。选择其中某个连接件后，单击"确定"按钮，这时指针附近出现小加号，并提示"拾取一个管道以连接到"。在已有的预留管道中，找到符合该连接件的系统管道，高亮显示后单击，这时软件会自动生成连接，这样就完成了该连接件的绘制。

在三维模式下使用此方法连接到管道，能够直观地看到系统自动生成管道的过程。

下面以连接风管为例，介绍设备连接管的四种方法。

① 单击选中设备，右击设备的风管连接件，在弹出的快捷菜单中选择"绘制风管"命令，如图 5-41 所示。

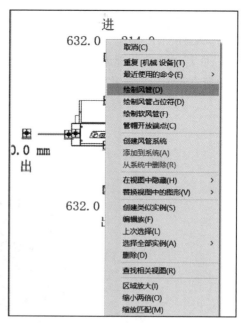

图 5-39 机械设备右键菜单

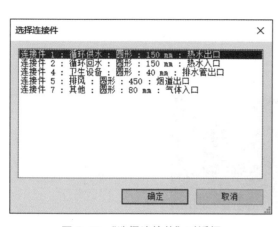

图 5-40 "选择连接件"对话框

图 5-41 风管连接件

② 直接拖曳已绘制的风管到相应设备的风管连接件，风管将自动捕捉设备上的风管连接件完成连接，如图 5-42 所示。

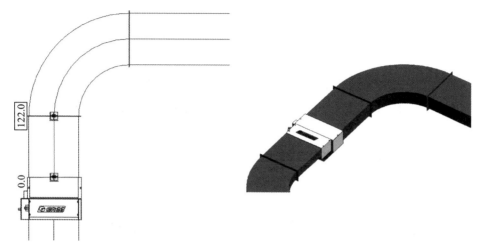

图 5-42　选择"绘制风管"命令

③ 使用"连接到"功能为设备连接风管。单击需要连接的设备，再单击"修改 / 机械设备"选项卡→"连接到"，如果设备包含一个以上的连接件，将打开"选择连接件"对话框，选择需要连接风管的连接件，单击"确定"按钮，然后单击该连接件所有连接到的风管，完成设备与风管的自动连接，如图 5-43 所示。

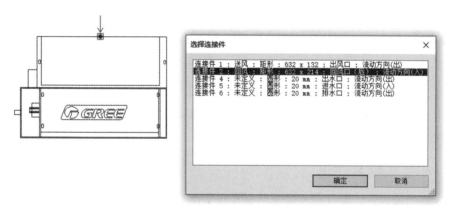

图 5-43　设备连接风管

④ 选中设备，单击设备的风管连接件图标，创建风管。

5.7　风道末端

通过使用风道末端工具可在风道末端的风管上放置风口、格栅和散流器。

风道末端按照样式的不同，可分为风口、格栅和散流器三类，三类风道末端族又可分为主体族和非主体族。

5.7.1　风道末端族的载入

根据具体项目的实际情况，在风管添加风道末端装置前，将项目中需要的族类型文件载入当前的项目中。

● 功能区:"系统"选项卡→"HVAC"面板

● 快捷键: AT

【操作步骤】

执行"风道末端"命令。在"修改|放置风道末端装置"选项卡的"模式"面板中,单击"载入族"按钮,进入"载入族"对话框,选择需要载入的风道末端族文件,如图 5-44 所示。

图 5-44 风道末端"载入族"对话框

单击"打开"按钮,风道末端族就载入当前的项目中了。在属性框类型选择器下拉列表中就能找到已载入的新风道末端族。

5.7.2 风道末端的布置

完成族的载入后,即可将风道末端布置到风管上。需要注意风道末端有主体族和非主体族之分,所以在布置时也有所不同。

● "系统"选项卡→"HVAC"面板→"风道末端"

● 快捷键: AT

【操作步骤】

(1)执行"风道末端"命令。

(2)在属性框类型选择器下拉列表中找到相应的风道末端族类型,单击"编辑类型"按钮,在类型属性设置对话框中,根据项目的实际情况,修改相关参数并赋予材质,如图 5-45 所示。

修改完成后,单击"确定"按钮返回,在属性框中继续设置风口的实例参数,主体族与非主体族实例参数的区别在于限制条件上,如图 5-46 所示,左右分别为非主体族与主体族的限制条件参数样式。

非主体族的限制取决于所放置的标高及基于标高的偏移量大小,而主体族的限制取决于放置到主体风管所在的位置条件。

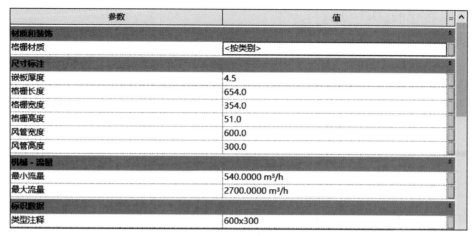

图 5-45　风道末端类型属性对话框

约束	
标高	标高 1
主体	标高：标高 1
偏移	0.0

约束	
主体	<不关联>
立面	1200.0

图 5-46　风道末端实例属性设置

若要在风管面上直接放置风道末端，可单击"上下文"选项卡"布局"面板中的"风道末端安装到风管上"按钮。放置完成后，可通过拖曳或临时尺寸标注将现有的风道末端放置到精确的位置上。

对于基于主体的风道末端族，需创建完成相应的风管后，再将风道末端放置到主体风管上。如在放置构件时要将其按 90° 进行旋转，可按空格键完成。

5.7.3　风道末端的管道连接

对于基于主体的风道末端族，在其放置的过程中，软件已经自动将风道末端与主体风管进行连接，因此只需调节里面的高度即可。

对于非主体的风道末端族，在放置完成后，还需将其与相应的管道进行连接，其连接的方法与机械设备管道连接相同。

【操作步骤】

若采用直接绘制风管的方法，单击已放置的风道末端，在连接件上右击，在快捷菜单中选择"绘制风管"命令，这时软件会进入绘制风管状态，在属性框中设置风管的类型和各项参数，在选项栏中设置风管的尺寸大小以及起始偏移量高度，完成后单击开始绘制风管，将风道末端与预留的风管进行连接。

若采用连接到风管的方法，先将预留的风管拖曳到已放置风口的上方，单击已放置的风道末端，在"修改 | 风道末端"选项卡的"布局"面板中，单击"连接到"按钮，风道末端只有一个连接件，所以系统不会弹出"选择连接件"对话框，这时直接用鼠标选择上方的风管，高亮显示后单击，软件自动生成管道布局方案，这样风道末端即可与预留的风管连接。

5.8 风管的隔热层和衬层

Revit 可以为风管管路添加隔热层和衬层。分别设置隔热层和内衬的类型、类型属性及厚度，如图 5-47 所示。

图 5-47 风管管路添加隔热层和衬层

分别编辑风管和风管管件的属性，输入所需要的隔热层和衬层厚度，当视觉样式设置为"线框"时，可以清晰地看到隔热层和衬层。

5.9 风管显示设置

（1）视图详细程度。Revit 的视图可以设置三种详细程度：粗略、中等和精细，如图 5-48 所示。

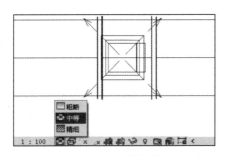

图 5-48 视图详细程度

在粗略程度下，风管默认为单线显示；在中等和精细程度下，风管默认为双线显示。

（2）可见性/图形替换。单击功能区中的"视图"→"可见性/图形替换"（快捷键 VV 或 VG），打开当前视图的"可见性/图形替换"对话框。在"模型类别"选项卡中可以设置风管的可见性。设置风管族类别可以整体控制风管的可见性，还可以分别设置风管族的子类别，如衬层、隔热层等分别控制不同子类别的可见性。图 5-49 中的设置表示风管族中所有子类别都可见。

（3）隐藏线。"机械设置"对话框中"隐藏线"的设置用来设置图元之间交叉、发生遮挡关系时的显示，如图 5-50 所示。

（4）风管标注。风管标注和水管标注的方法基本相同，族类型为"风管标记"的风管注释族，可以标记与风管相关的参数。如添加"底部高程"作为标签，将标注风管的管底标高；添加"顶部高程"作为标签，将标注风管的管顶标高，如图 5-51 所示。

（5）风管图例与颜色填充。单击"分析"选项卡→"颜色填充"面板→"风管图例"功能，如图 5-52 所示。其中，"风管图例"根据不同配色方案（如速度、流量等）将颜色图例添加到风管系统的风管上；"管道图例"根据不同配色方案（如速度、流量

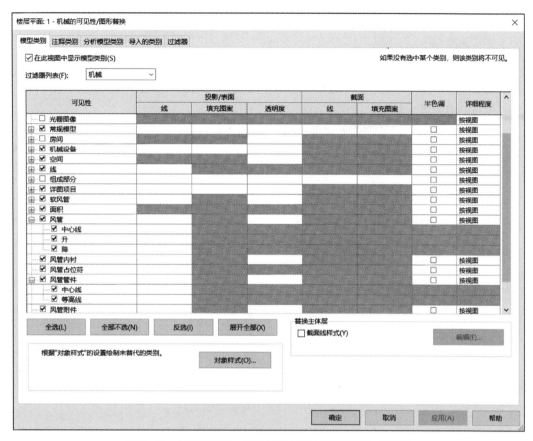

图 5-49　"楼层平面—机械的可见性 / 图形替换"对话框

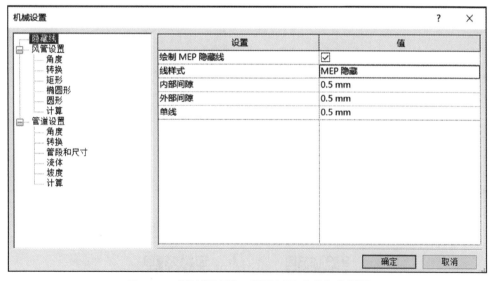

图 5-50　"机械设置"对话框"隐藏线"的设置

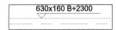

图 5-51 风管管顶标高标注   图 5-52 颜色填充

等）将颜色图例添加到管道系统的管道上；"颜色填充图例"根据不同配色方案（如负荷、风量、温度等）将颜色图例添加到空间或分区中。

用户可以根据不同的配色方案进行颜色填充，并分析检查设计的项目。

颜色填充规则如下。

① "风管图例""管道图例"可以在平面视图中使用，"颜色填充图例"可以在平面、立面和剖面视图中使用。

② 在某一视图中，同一类别的颜色填充只能添加一次。例如，在视图中已经添加了"风管颜色填充流量"图例，如果再添加"风管图例"，后添加的"风管图例"默认类别只能是"风管颜色填充流量"，与第一份相同。无论编辑哪一份风管图例的方案，两份风管图例都将保持一致。

③ 在某一视图中，可以添加不同类别的颜色填充。例如，在视图中可同时添加"风管图例""管道图例"和"颜色填充图例"。

学习笔记

本章微课

创建风管系统

绘制风管系统

第6章 建筑机电识读

【思维导图】

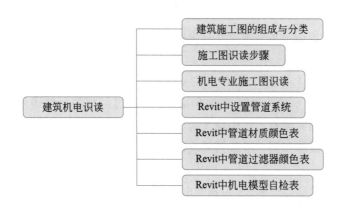

【教学目标】

通过对本章内容的学习，了解建筑施工图的组成与分类和施工图识读步骤。熟悉给水排水专业施工图的识读；掌握相关系统图例、管材、阀门、连接方式、标高等内容；熟悉消防给水平面图的识读；熟悉管道颜色识别；了解 Revit 中设置管道的步骤和机电模型自检内容。

【教学要求】

能力目标	知识目标	权重
了解施工图的组成与分类、施工图识读步骤	建筑施工图的组成与分类	20%
熟悉识读给水排水施工图	给水排水施工图、给水排水施工图组成	30%
掌握识读给水排水系统图例、管材、阀门、连接方式、标高	给水排水系统图例、管材、阀门、连接方式、标高	30%
熟悉管道颜色识别、Revit 中设置管道的步骤	机电管道颜色识别、机电模型自检内容	20%

6.1 建筑施工图的组成与分类

一套房屋的施工图根据建筑、结构、给水排水、采暖通风和电气这五个专业来分类，即建筑施工图、结构施工图、给水排水施工图、采暖通风施工图和电气施工图。

建筑施工图（简称"建施"）是表示房屋的总体布局、外部形状、内部布置、内外装修、细部构造和施工要求等情况的图纸。它是房屋施工放线、砌筑墙体、门窗安装和室内外装修等工作的主要依据。建筑施工图一般包括施工设计总说明、总平面图、建筑平面图、建筑立面图、建筑剖面图、建筑详图和门窗表等。

结构施工图（简称"结施"）是表示这些结构构件的布置、形状、材料和做法等内容的图纸。结构施工图一般包括结构设计总说明、基础图、楼层结构布置图、楼梯结构图和构件详图等。

给水排水施工图（简称"水施"）主要表示房屋内部给水管道、排水管道和用水设备等的图纸。一般包括给水排水设计总说明、给水排水平面图、给水排水系统图和安装详图等。

采暖通风施工图（简称"暖施"）主要表示房屋采暖、通风管道及设备的图纸，它包括采暖和通风两个专业。规模较小的房屋，当通过门窗的自然通风能满足设计要求时，可不设置机械通风设备；规模较大的房屋，当自然通风不能满足要求时，必须采用机械通风设备。采暖施工图一般包括采暖设计总说明、采暖平面图、采暖系统图和安装详图等。

电气施工图（简称"电施"）包括强电和弱电。强电指照明动力等，弱电包括通信、网络等。电气施工图一般包括电气设计总说明、系统图和电气平面布置图等图纸。

6.2 施工图识读步骤

（1）总体了解。先看首页（目录、标题栏、设计总说明和总平面图等），大致了解工程情况。如工程名称、工程设计单位、建设单位、新建房屋的位置、周围环境和施工技术要求等。然后对照目录检查图纸是否齐全，采用了哪些标准图并备齐这些标准图。最后看建筑平面图、立面图和剖面图，大体上想象一下建筑物的立体形状及内部布置。

（2）顺序识读。在了解建筑物的大体情况后，根据施工的先后顺序，按照基础、墙体（或柱）、结构平面图、建筑结构及装修的顺序，仔细阅读有关图纸。

（3）前后对照。读图时，要注意平面图、立面图和剖面图对照着读，建筑施工图与结构施工图对照着读，建筑施工图与设备施工图对照着读，做到对整个工程施工情况及技术要求心中有数。

（4）重点细读。根据工种的不同，将有关专业施工图再有重点的仔细阅读一遍，并将遇到的问题记录下来，及时向设计部门反映。识读一张图纸时，应按由外向内、从大到小、由粗到细、图纸与说明交替及对照有关图纸的方法，重点看轴线及各种尺寸关系。

要熟练地识读施工图，除了要掌握正投影原理、熟悉房屋建筑的基本构造和熟知国家制图标准外，还必须掌握各专业施工图的用途、图示内容和方法。看图时还要联系生产实践，经常深入到施工现场，对照图纸，观察实物，这样就能比较快速地掌握图纸的内容。

在施工图中有些构配件和节点详图（材料、构造做法）常选自某标准图集，因此要学会查阅工程施工图所采用的标准图集。根据施工图中注明的标准图集名称、编号及编制单位，查找相应的图集。

阅读标准图集时，应阅读总说明，了解编制该标准图集的设计依据、使用范围、施工要求及注意事项等。同时了解标准图集的编号和有关表示方法。根据施工图中的详图索引编号查阅详图，核对有关尺寸。

6.3 机电专业施工图识读

机电各专业都是按照"管线→功能房间→管线→终端"的模式布置的，看平面图和系统图也可以按这个顺序。另外，各专业的设计说明不能遗漏，必须先细看一遍再开始建模。

下面以给水排水专业为例简要介绍施工图的识读。

6.3.1 给水排水系统图的识读

（1）对照检查系统编号与平面编号是否一致。

（2）阅读收集管道基本信息。主要包括管道的管径、标高、走向、坡度及连接方式等。在系统图中，管径的大小通常用公称直径标注，应特别注意不同管材有时在标注上是有区别的，应仔细识读管径对照表；图中的标高主要包括建筑标高、给水排水管道的标高、卫生设备的标高、管件的标高、管径变化处的标高以及管道的埋设深度等；管道的埋设深度通常用负标高标注（建筑常把室内一层或室外地坪确定为 ±0.000）；管道的坡度值在通常情况下可参见说明中的有关规定，有特殊要求时会在图中用箭头注明管道的坡向。

（3）明确管道、设备与建筑的关系。主要是指管道穿墙、穿地下室、穿水箱、穿基础的位置以及卫生设备与管道接口的位置等。

（4）明确主要设备的空间位置。如屋顶水箱、室外储水池、水泵、加压设备、室外阀门井、室外排水检查井和水处理设备等与给水排水相关设施的空间位置等。

（5）明确各种管材伸缩节等构造措施。对采用减压阀减压的系统，要明确减压阀后压力值，比例式减压阀应注意其减压比值；要明确在平面图中无法表示的重要管件的具体位置，如给水立管上的阀门、污水立管上的检查井等。

下面针对给水排水专业相关系统进行简要概述。

1. 与给水排水消防相关的系统

与给水排水消防相关的系统如图 6-1 所示。

2. 给水排水系统常用管材及其连接方式

住宅工程中常见管材和连接方式见表 6-1。

3. 管材连接方式

螺纹和丝接是同一种连接方式，丝扣连接就是类似螺钉和螺母原理的连接方式，两组内外螺纹绞合，沟槽和卡箍也是指同一种连接方式。

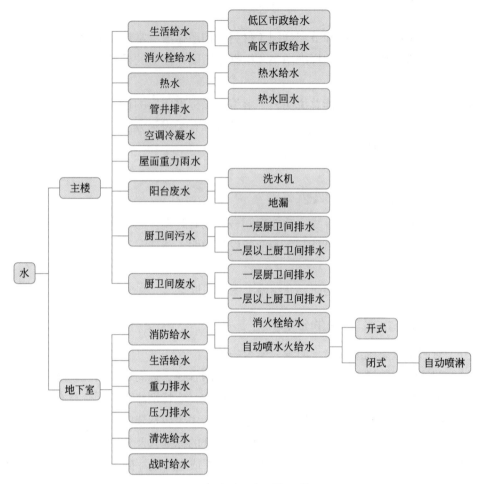

图 6-1　水专业各系统一览

表 6-1　住宅工程中常见管材和连接方式

序号	系　　统	管　材	连接方式
1	生活给水管	钢塑复合管	DN＜100，采用螺纹连接； DN≥100，采用沟槽连接
2	室内废水、污水、通气管	PVC-U	承插粘接
3	消火栓、自喷淋	镀锌钢管	管径＞80 时卡箍连接；管径≤80 时丝接

　　法兰连接经常用在较大的管道（50mm 以上）以及闸阀、球阀、止回阀和水流指示器等需要拆卸处。如图 6-2～图 6-5 所示。

图例	实物照片

图 6-2　闸阀

| 图例 | 实物照片 |

图 6-3　球阀

| 图例 | 实物照片 |

图 6-4　止回阀

| 图例 | 实物照片 |

图 6-5　水流指示器

钢管还可采用焊接连接，其优点是接头紧密，施工速度快；缺点是不能拆卸，焊接过程中会破坏镀锌层。

4. DN 和 De

公称直径 DN 不是实际意义上的管道外径或内径，虽然其数值跟管道内径较为接近或相等。在设计图纸中之所以要用公称直径，目的是根据公称直径可以确定管子、管件、阀门、法兰和垫片等的结构尺寸与连接尺寸，同一公称直径的管子与管路附件均能互连。

钢管尺寸一般使用 DN 表示，安装时无须换算，因为在同一标准中，同一公称直径、同一压力等级的连接尺寸相同，并且同一材料的外径也相同，采用公称直径的目的是方便连接。可以把 DN 理解为规格。

De 是指管道外径，塑料管一般使用 De 标注。

绘图时，选取的管道直径为公称直径，软件中模型实际尺寸为外径 OD。

如管道绘制时选择的直径是 40mm，模型中实际尺寸为 50mm。在管道配管系统中，公称直径和外径的关系如图 6-6 所示。

5. 管道标高

不同类型管道标高所指部位不同，具体还需要对照设计说明确定，一般情况如下。

（1）给水、消防和压力排水管等压力管指管的中心标高。

（2）污水、废水、雨水、溢水和泄水管等重力流管道与无水流的通气管指管内底标高。

（3）管道穿钢筋混凝土外墙有套管的，标高均指套管中心标高。

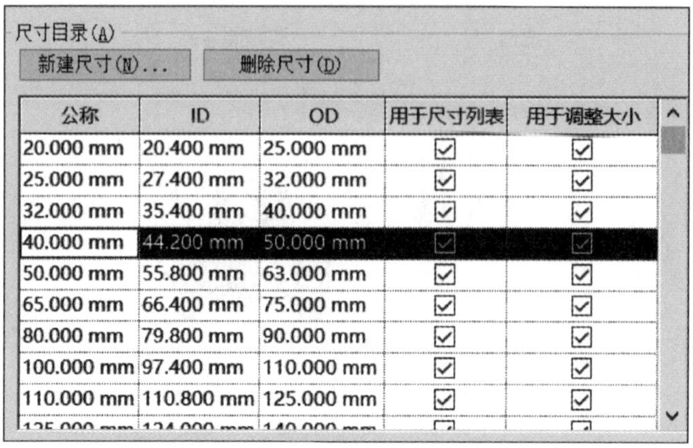

图 6-6　公称直径和外径的关系

6.3.2　消防给水平面图的识读

建筑消火栓给水平面图是表明消火栓管道系统及室内消防设备平面布置的图纸。

读平面图时，首先需要了解消火栓设备在室内的布置情况，按水的流向，看水是怎样进入消防水池，消防水箱如何来水，又怎样进入消防管网，再进入消火栓。

读图时先按水流方向粗看（水池→水泵→水箱→横干管→立管→消火栓），再细看沿水流方向的管道中还有哪些附件装置。详细了解所用管材、管径、规格，水池、水泵、水箱的规格型号及消火栓、水龙带、水枪的规格尺寸。对与建筑交叉的管线、消防设施应细看。即先粗后细，先全面后局部。

6.4　Revit 中设置管道系统

下面以图纸中"J-给水管-F2"管道系统为例讲解用 Revit 设置管道系统的步骤。

（1）先根据设计说明，新建管道系统。管道系统的名称、材质颜色、缩写和设计图纸一致，如图 6-7 所示。

（2）管道系统的"图形替换"颜色要和材质一致，如图 6-8 所示。不然会出现管道边颜色和管道颜色不一致的问题。

（3）设置管道。包括设置管段尺寸和连接方式两部分，步骤如下：新建管道类型，重命名和图纸一致，单击"布管系统配置"，如图 6-9 所示；在"管段"属性中选择合适的材料，如图 6-10 所示。

（4）单击左上角"管段和尺寸 ..."按钮，切换到对应的材料，检查尺寸是否和设计图纸一致。如果不一致，则调整成设计图纸上的尺寸，如图 6-11 所示。

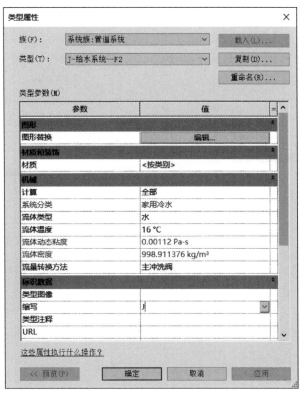

图 6-7　管道系统参数

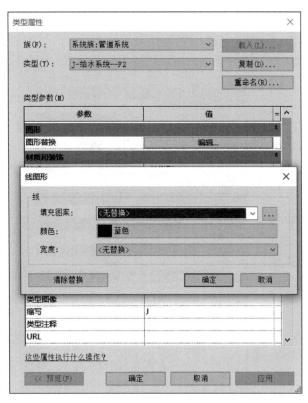

图 6-8　管道系统的"图形替换"设置

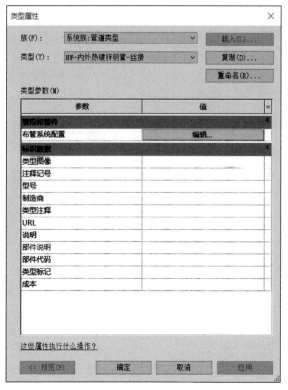

图 6-9　布管系统配置

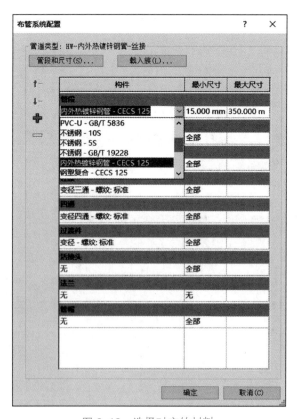

图 6-10　选择对应的材料

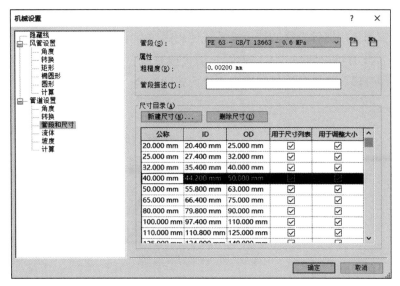

图 6-11　调整材料尺寸

（5）设置管段连接方式。不同尺寸的管道连接方式不同时，可以单击"+"按钮，增加连接方式，如图 6-12 所示。两种连接方式的管段直径范围有重叠时，软件会默认按尺寸小的范围来连接。

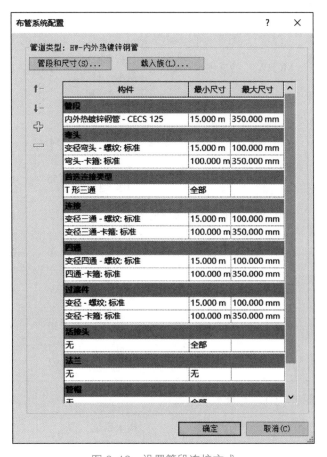

图 6-12　设置管段连接方式

可能存在不同系统的管材相同，但是连接件不同的情况。比如消火栓系统和人防区重力排水管都使用镀锌钢管。消火栓系统使用螺纹和卡箍连接，人防区重力排水管使用焊接连接。此时可以新建"镀锌钢管－消火栓系统"和"镀锌钢管－人防区重力排水管用"两种管段。管道是管材和管道连接方式的集合，管道系统和管道类型的关系如图 6-13 所示。

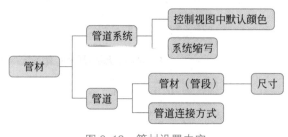

图 6-13 管材设置内容

绘制管道时，先设置好管道类型和系统类型，再在模型中建模。

6.5 Revit 中管道材质颜色表

Revit 中管道材质颜色见表 6-2。

表 6-2 Revit 中管道材质颜色表

Revit 类型	系统类型	缩写	类型注释	材质	材质名称	RED	GREEN	BLUE	颜色
循环供水	空调冷冻供水	MCHWS	冷冻供水	碳素钢	空调冷冻供水－材质	79	129	189	
	空调冷却供水	CWS	冷却供水	碳素钢	空调冷却供水－材质	49	134	155	
循环回水	空调冷冻回水	MCHWR	冷冻回水	碳素钢	空调冷冻回水－材质	54	35	233	
	空调冷却回水	CWR	冷却回水	碳素钢	空调冷却回水－材质	155	187	89	
其他	空调冷凝水	ACW	冷水水管	镀锌钢	空调冷凝水－材质	0	176	240	
家用冷水	加湿系统	SW	自来水加湿管	不锈钢	加湿系统－材质	146	208	80	
卫生设备	生活污水系统	DW	生活污水管	PVC-U	生活污水系统－材质	73	69	41	
其他消防系统	消火栓系统	FH	消火栓	镀锌钢	消火栓系统－材质	230	0	0	
湿式消防系统	喷淋系统	FS	自动喷淋	镀锌钢	喷淋系统－材质	192	0	0	
其他	纯水系统	RO	纯水管	镀锌钢	纯水系统－材质	146	208	80	
卫生设备	雨水系统	Y	雨水管	PVC-U	雨水系统－材质	73	69	41	

续表

Revit 类型	系统类型	缩写	类型注释	材质	材质名称	RED	GREEN	BLUE	颜色
卫生设备	透气系统	TQ	透气管	PVC-U	透气系统-材质	73	69	41	
	压力废水	PD	压力废水管	镀锌钢	压力废水-材质	73	69	41	
排风	排烟系统	SEF	排烟风管	镀锌钢	排烟系统-材质	255	192	0	
送风	空调通风系统	SAF	送风管	镀锌钢板	空调通风系统-材质	0	33	96	
	正压送风系统	SPF	加压送风管	镀锌钢板	正压送风系统-材质	125	15	20	
	空调新风系统	XF	新风管	镀锌钢板	空调新风系统-材质	0	173	240	

6.6 Revit 中管道过滤器颜色表

Revit 中管道过滤器颜色见表 6-3。

表 6-3 Revit 中管道过滤器颜色表

Revit 类型	类型名称	过滤器名称	RED	BLUE	GREEN	颜色
湿式消防系统	自动喷淋	ZP - 自动喷淋	200	103	100	
冷却水	冷凝水	CWS - 冷凝水	150	150	152	
循环供水	冷水供水	CHWS - 冷水供水	130	85	250	
	采暖供水	MCHWS - 采暖供水	100	110	75	
循环回水	冷水回水	CHWR - 冷水回水	220	110	85	
	采暖回水	MCHWR - 采暖回水	120	75	75	
消防系统	预作用消防	FS - 预作用消防	85	190	120	
其他消防	消火栓	FH - 消火栓	120	190	200	
送风	加压送风	SA - 加压送风	110	90	90	
新风	新风	OA - 新风	110	75	90	
排风	排风排烟	EA - 排风排烟	159	180	75	
带配件的电缆桥架	（带配件）金属防火线槽—动力	DL -（带配件）金属防火线槽-动力	169	75	90	
	（带配件）金属防火线槽—弱电	RD -（带配件）金属防火线槽-弱电	0	204	102	
	（带配件）金属防火线槽—消防	XF -（带配件）金属防火线槽-消防	204	255	102	

续表

Revit 类型	类型名称	过滤器名称	RED	BLUE	GREEN	颜色
带配件的电缆桥架	槽式电缆桥架	CS－槽式电缆桥架	102	102	255	■
	梯级电缆桥架	TJ－梯级电缆桥架	153	102	51	■

6.7 Revit 中机电模型自检表

机电模型自查清单见表 6-4。

表 6-4 机电模型自查清单

序号	对象	检查内容点
1	管道	是否存在无故断开；参照标高是否设置准确；主楼排水管的尺寸、标高是否符合设计说明；管材是否设置正确；排水管是否穿配电间、风井；排水管是否无法排到覆土中；管道是否穿越墙边；是否与结构碰撞
2	阀门、设备	离地高度是否按照图集设置；阀件方向、选型是否与图纸一致；人防区边界是否设置密闭阀
3	桥架	弯头是否内下外上；上方是否有水管；是否布置在风管下方（打支架困难）；桥架距板底间距是否不小于 100mm；人防区桥架是否正确建模
4	风管	消声器下净高（消声器单边突出风管 100mm，支架 50mm 高）是否足够；风口离管道是否有 500mm 的距离
5	楼梯间	消防立管是否影响疏散宽度
6	净高	坡道位置，特别是起坡点是否净高足够
7	挡烟垂壁	此处是否容易碰撞
8	卷帘	卷帘箱是否和管道碰撞
9	管线间距	跨距大于 3m 时，是否预留中间支撑的空间；边缘管线与梁、墙之间是否留出余地（至少 200mm）；翻弯处，距离风管是否够 350mm，给支吊架留空间；管道边离支架内侧是否有 50mm；当管线遇到双层支架时，上、下两排管线间距是否在 150～200mm

学习笔记

第7章　Revit 项目创建

【思维导图】

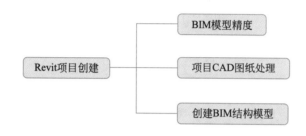

【教学目标】

> 通过学习本章 BIM 模型精度和 Revit 项目创建，掌握 CAD 图纸处理技巧；掌握直接用 Revit 创建结构模型和用红瓦插件快速创建结构模型的方法。为后续机电建模打下基础。

【教学要求】

能 力 目 标	知 识 目 标	权重
了解 BIM 模型精度、BIM 成果命名	BIM 模型精度、BIM 建模成果要求等	20%
掌握直接采用 Revit 创建结构模型	Revit 软件建筑、结构模块的功能	40%
掌握红瓦插件快速创建结构模型	建模大师建筑模块的功能	40%

7.1　BIM 模型精度

7.1.1　模型精细度和等级

1. 模型精细度

BIM 包含的最小模型单元应由模型精细度等级衡量，模型精细度基本等级划分见表 7-1。

2. 建模范围及深度等级划分

BIM 按不同阶段、使用功能进行深度划分，可分为现状空间信息模型、总体规划信息模型、详细规划信息模型、设计方案信息模型、施工图设计模型、施工信息模型和竣工信息模型，为统一设计人员的建模规范，见表 7-2。

表 7-1　模型精细度基本等级划分

等级	1.0 级	2.0 级	3.0 级	4.0 级
代号	LOD1.0	LOD2.0	LOD3.0	LOD4.0
包含的最小模型单元	项目级模型单元	功能级模型单元	构件级模型单元	零件级模型单元
等级要求	具备基本外轮廓形状、粗略的尺寸和形状	近似几何尺寸，形状和方向能够反映物体本身大致的几何特性，主要外观尺寸不得变更，细部尺寸可调整	物体主要组成部分必须在几何上表述准确，能够反映物体的实际外形，保证不会在施工模拟和碰撞检查中产生错误判断	详细的模型实体，最终确定模型尺寸，能够根据该模型进行构件的加工制造

表 7-2　模型阶段划分

阶　段		信息模型	模型深度等级
规划阶段	BIM0	现状空间信息模型	LOD2.0
	BIM1	总体规划信息模型	LOD1.0
	BIM2	详细规划信息模型	LOD1.0
设计阶段	BIM3	设计方案信息模型	LOD2.0
	BIM3.5	初步设计信息模型	LOD3.0
	BIM4	施工图设计信息模型	LOD3.0
施工阶段	BIM4.5	施工深化信息模型	LOD4.0
竣工验收交付阶段	BIM5	竣工信息模型	LOD4.0

3. 颜色定义

模型单元可根据工程对象的系统分类设置颜色，一级系统之间的颜色应差别显著，便于视觉区分；二级系统可分别采用从属于一级系统色系的颜色。

（1）系统之间的颜色应差别显著，便于视觉区分。

（2）各专业同一系统可采用同一色系的颜色。

（3）建筑、结构、动力和智能化等专业模型构件及系统颜色设置可符合相关规定。

（4）各系统分类颜色应符合国家标准《建筑工程设计信息模型制图标准》（JGJ/T 448—2018）的要求。

7.1.2　BIM 成果文件命名

BIM 成果文件包括源格式信息模型，命名均可采用统一的命名规则，以保证成果文件的规范和易于理解。

电子文件夹的名称由顺序码、项目简称、分区或系统、阶段、文件夹类型和描述等组成，以半角下画线"_"隔开，字段内部的词组以半角连字符"-"隔开，宜采用三级文件夹，具体如下。

一级文件夹名称：顺序码_项目名称。

二级文件夹名称：顺序码_项目名称_工程阶段。

三级文件夹名称：顺序码_项目名称_工程阶段_标段。

其中，顺序码为项目立项时的项目编号，如项目只有1个标段，则"标段"填写"00标段"，三级文件夹内放置各项目BIM，如图7-1所示。

1. 构件命名规则

BIM中的构件命名由构件名称、描述字段组成，其间以下画线"_"隔开。必要时，字段内部的词组以连字符"-"隔开，具体如下。

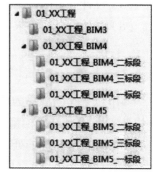

构件名称_描述字段

构件命名示例：防火门_钢制防火门。

构件命名含义：防火门，钢制防火门。

构件命名字段应符合下列规定。

图7-1 电子文件夹示意图

（1）构件名称应规范用语，并符合现行国家标准；当需要为多个同一类型模型单元进行编号时，可在此字段内增加序号，序号应依照正整数依次编排。

（2）描述字段中应加入构件的详细信息，并应与设计图纸保持一致，其他信息可自定义。

（3）关于标高、材质、构件标号属性和混凝土强度等级等描述在属性列表中体现，在名称中不做要求。

2. 构件编码规则

构件编码基本格式如下。

项目简称 + 工程阶段 + 单体代码 + 专业代码 + 楼层代码 + 分部代码 + 分项代码 + 描述字段

┌─示例1─

SXHZQ-2_BIM4_1#_S_001_L_KL_KL-（2）600×600

SXHZQ-2：项目简称，此处是"苏相合作区二期"的简称。

BIM4：工程阶段，用于区分模型所处的实施阶段，分为方案设计阶段（BIM3）、初步设计阶段（BIM3.5）、施工图设计阶段（BIM4）、施工深化设计阶段（BIM4.5）和竣工提交模型（BIM5）。

1#：单体代码，代表"1号楼"。

S：专业代码，代表结构专业。

001：楼层代码，代表楼层为一层。

L：分部代码，代表"梁"。

KL：分项代码，代表"框梁"。

KL-（2）600×600：描述字段，代表"跨度为两跨截面积为600×600的框梁"。

7.1.3　建模依据

三维建模主要有以下几个依据。

（1）建设单位或设计单位提供的通过审查的有效图纸等数据。

（2）有关建模专业和建模精度的要求。

（3）国家规范和标准图集。

（4）现场实际材料和设备采购情况。

（5）设计变更的数据。

（6）其他特定的要求。

7.2　项目 CAD 图纸处理

本节以某车间项目为例，简要介绍建模的流程及如何直接利用 Revit 软件和红瓦插件快速实现 BIM 结构模型创建。

BIM 建模前，提前处理 CAD 设计文件，简化各专业图纸图面能节约不少建模时间。

结构建模时，在 CAD 中将结构有关图层复制到新的 CAD 文件中，然后将这个新的 CAD 文件导入 Revit 作为底图。链接的文件不大，不会使 Revit 软件操作变得很卡。

1. 从结构施工图生成底图的步骤

从结构施工图生成底图的步骤如下。

（1）新建定位图层，绘制定位线。

（2）打开图层管理图，将所有锁定的图层打开。

（3）隐藏或冻结标注线等不必要的图元所在的图层，简化图纸。

（4）检查图纸，看看有没有遗漏的图元，检查图纸各构件（柱、梁、墙）所在图层是否相互独立。

（5）新建文件，复制有关图元和定位线到新文件，保存文件。

2. 图块有关操作

（1）新建图块。处理建模链接用的 CAD 底图，需要另存时，可以使用"写块"命令输出，快捷键为 W。

> **提示**
>
> 图块和参照的区别在于图块是当前文件的一部分，而参照在别的文件上。

使用快捷键 B 可以进行写块操作，创建内部块。内部块和文件同时被打开和编辑，使用快捷键 W 创建的是外部块，其他文件也可以使用。

（2）编辑块。双击图块就可以进入编辑界面。单击"确定"后进入块编辑器可编辑块。

如果不需要继续保持成块的状态，可以进行打散操作。推荐使用 Burst 命令进行打散，因为使用"炸开"命令时，容易把轴线数字都变成 1。

3. 图层有关操作

（1）图层开关、冻结、锁定之间的区别。图层处于关闭状态时，里面的对象不会被显示。只有打开的图层可以被显示或打印。

图层被冻结时，里面的对象不会被显示或打印。而且进行缩放、平移等操作时，被冻结的对象也不会参与。也就是说，图层开关只是单纯隐藏对象。而冻结功能除了隐藏对象，还可以加快操作速度。

锁定的图层上的图元仍然可以显示。但是不能被编辑，只能绘制新的图元。

（2）图层隔离。选中要保留的图元，单击"隔离图元"命令，可以快速保留选中的图元的图层。单击"取消隔离"，可以快速恢复图层的显示。这个命令在筛选需要图元的操作时非常有用。

（3）图层间的绘图次序。选中图元后，右击"绘图次序"，可以控制不同图元间的遮盖关系。

图层操作常用快捷键（需安装源泉设计免费绿色插件）如图 7-2 所示。

图 7-2　图层工具

4. 尺寸标注有关操作

如果发现只有个别地方尺寸标注有遗漏，那么回到 Revit 中修改并重新出图会比较麻烦，可以在 AutoCAD 中直接增绘尺寸标注。方法是先查询已有的尺寸标注的样式。如果尺寸在块中，可以双击图块进入块编辑器查看。回到模型空间后，选择已有尺寸的标注样式，设置为当前应用并关闭，如图 7-3 所示。这样新建的尺寸样式就和已有的统一了。

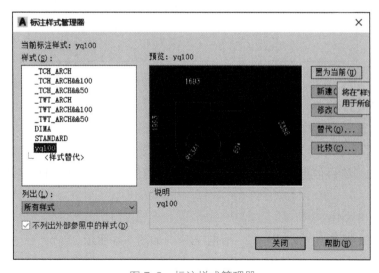

图 7-3　标注样式管理器

7.3 创建 BIM 结构模型

用 Revit 进行建模之前,应先熟悉项目任务,判断该项目是直接用 Revit 进行建筑或结构设计,还是根据现有的图纸进行三维建模。直接设计对设计师要求较高。目前对大多数建模师来说,主要任务是把二维的图纸建成三维的 BIM。下面主要讲解二维图纸建成三维模型的方法。

在 BIM 结构建模中,基本流程是:选择项目样板文件;创建空白项目;确定项目标高、轴网;创建柱、梁、基础;创建墙体、门窗、幕墙、楼板、坡道、楼梯、栏杆扶手和屋顶等。完成模型后,再根据模型生成指定视图,并对视图进行细节调整,为视图添加尺寸标注和其他注释信息,将视图布置于图纸中并打印,最后对模型进行渲染。

7.3.1 创建项目文件

1. 熟悉项目任务

了解和掌握建模建筑物的工程概况是非常重要的,可以从整体上对项目有所了解。详细说明参见总说明图纸。

2. 选择项目文件

在 Revit 中,所有的设计模型、视图和信息都被存储在一个扩展名为 .rvt 的 Revit 项目文件中。项目文件包括设计所需的全部信息,如建筑的三维模型、平面视图、立面视图、剖面视图、节点视图、各种明细表、施工图图纸以及其他相关信息。Revit 还会自动关联项目中所有的设计信息。

新建项目如图 7-4 所示,该项目基于结构样板文件生成。

图 7-4 新建项目对话框

3. 设置项目信息

项目信息设置方法如下。

● 功能区:"管理"选项卡→"项目信息"

在弹出的"项目信息"窗口的项目名称后面的值中输入具体项目名称,如图 7-5 所示。

4. 保存项目文件

保存项目文件名为"车间 1-F2_结构 .rvt",如图 7-6 所示。

● 功能区:"文件"选项卡→"保存"

● 快捷键:Ctrl+S

图 7-5　设置项目信息

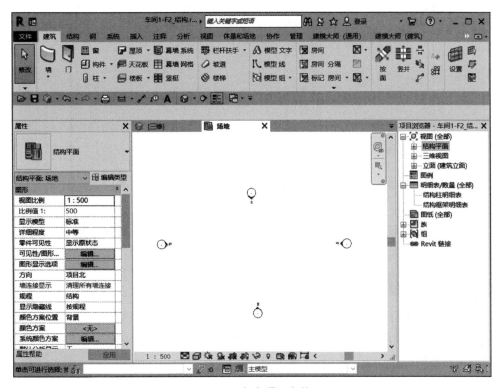

图 7-6　保存项目文件

7.3.2 创建标高

标高是建筑物立面高度（屋顶、楼板和天花板）的定位参照，在 Revit 中，可以为每个楼层或其他必需的建筑参照创建标高。

添加标高，必须处于剖面视图或立面视图中。添加标高时，可以创建一个关联的平面视图。

● 功能区："建筑"选项卡→"基准"面板→"标高"按钮

● 快捷键：LL

【操作步骤】

（1）将视图切换到南立面视图。

（2）执行"标高"命令，在"属性"选项板中单击"编辑类型"按钮，打开"类型属性"对话框，如图 7-7 所示，单击"确定"按钮。

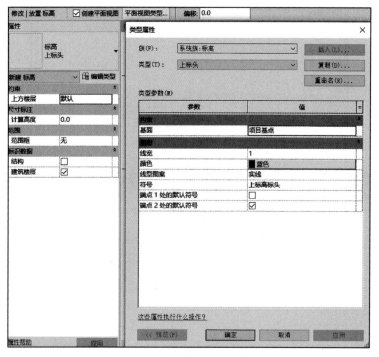

图 7-7　绘制"标高"属性设置

（3）在绘图区域中，按照 AutoCAD 设计文件的要求，绘制所有标高线，如图 7-8 所示。

7.3.3 创建轴网

标高创建完成后，可以切换至楼层平面视图来创建和编辑轴网。

在 Revit 中，轴网只需在任意一个平面视图中绘制一次，其他平面、立面和剖面视图中都将自动显示。

● 功能区："建筑"选项卡→"基准"面板→"轴网"按钮

● 快捷键：GR

图 7-8　完成后的标高

【操作步骤】

（1）在项目浏览器中双击"楼层平面"节点下的"F1_-0.05"，将视图切换到"F1_-0.05"楼层平面视图。

（2）单击"插入"选项卡"导入"面板中的"导入 CAD"按钮，打开"链接 CAD 格式"对话框，选择"一层柱 .dwg"，设置"定位"为"自动 - 原点到原点"，"放置于"为"F1_-0.05"，选中"定向到视图"复选框，设置"导入单位"为"毫米"，其他采用默认设置，单击"打开"按钮，导入 CAD 图纸，并锁定导入的 CAD 图纸 ⚟，如图 7-9 所示。

图 7-9　导入 CAD 图纸设置

（3）移动立面索引符号的位置，使其位于图纸的四周，选取图纸，单击"修改"面板中的"锁定"按钮，将图纸锁定，使其不能移动。当图纸被锁定后，软件将无法删除该对象，只有解锁后才能进行删除。

（4）单击"建筑"选项卡"基准"面板中的"轴网"按钮，打开"修改|放置 轴网"选项卡和选项栏，单击"拾取线"按钮。

（5）在"属性"选项板中选择"轴网 6.5mm 编号"类型，单击"编辑类型"按钮，打开"类型属性"对话框，选中"平面视图轴号端点 1（默认）"和"平面视图轴号端点 2（默认）"复选框，设置"轴线末段颜色"为"红色"，"非平面视图符号（默认）"为"两者"，其他采用默认设置，如图 7-10 所示，单击"确定"按钮。

图 7-10　绘制"轴网"属性设置

（6）在绘图区中拾取 CAD 图纸中的所有轴线，创建并调整轴网编号，如图 7-11 所示。

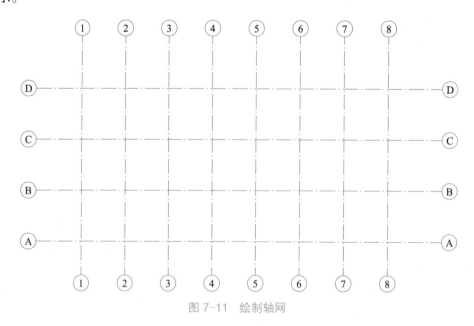

图 7-11　绘制轴网

（7）调整轴网与标高，使轴网与标高相交并调整到合适位置，南立面图如图 7-12 所示。

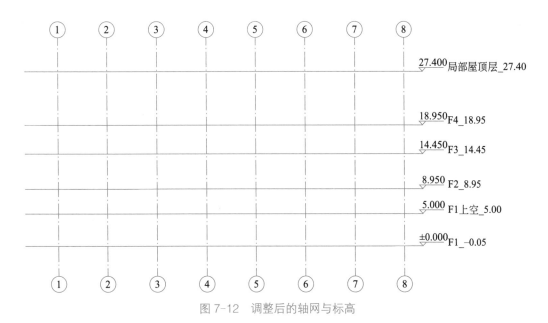

图 7-12　调整后的轴网与标高

（8）检查项目的基点和测量点是否对齐，如图 7-13 所示，A 轴与 1 轴的交点与基点、测量点相重合。

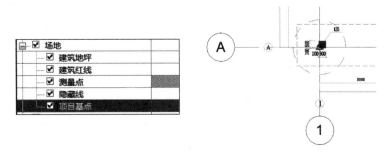

图 7-13　检查项目的基点和测量点

（9）完成轴网标注尺寸后，锁定轴网，如图 7-14 所示。

7.3.4　创建柱

1. 直接 Revit 创建柱

● 功能区："结构"选项卡→"结构"面板→"结构柱"按钮

● 快捷键：CL

【操作步骤】

（1）将视图切换到"F1_-0.05"楼层平面视图。

（2）执行"结构柱"命令，打开"修改 | 放置 结构柱"选项卡和选项栏。

（3）载入结构柱族。单击"模式"面板→"载入族"→"载入族"，选择 China →"结构"→"柱"→"混凝土"文件夹中的"混凝土 - 矩形 - 柱 .rfa"族文件，载入"混凝土 - 矩形 - 柱 .rfa"族文件。

（4）创建结构柱类型。在"属性"选项板中选择"矩形柱 300×450mm"类型，单击"编辑类型"按钮，打开"类型属性"对话框，单击"复制"按钮，新建

"700×700mm"类型，将 b 改为 700.0，h 改为 700.0，如图 7-15 所示。单击"确定"按钮，完成结构柱 Z1 的创建。

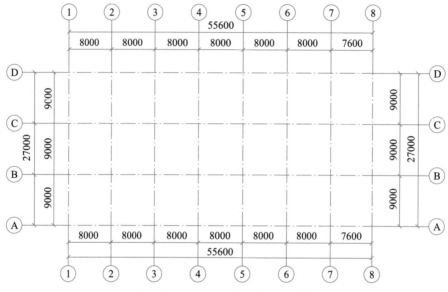

图 7-14　完成尺寸标注并锁定轴网

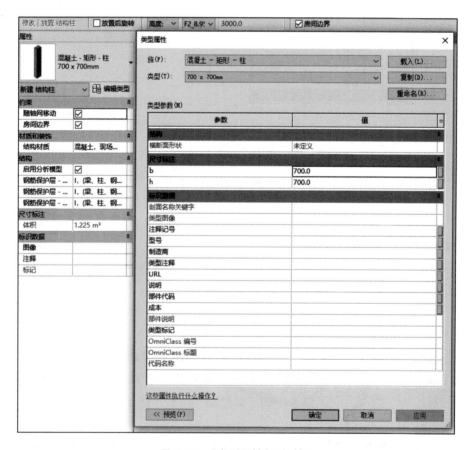

图 7-15　"类型属性"对话框

（5）放置结构柱。在选项栏中设置高度为 F3_14.450，根据 CAD 图纸中 Z1 柱的定位放置 700×700mm 的矩形柱 Z1。其余柱的放置方法类似。

2. 用红瓦插件创建柱

● 功能区："建模大师（建筑）"选项卡→"柱转化"按钮

【操作步骤】

（1）将视图切换到"F1_-0.05"楼层平面视图。

（2）链接 CAD 文件。使用链接 CAD 功能，将 CAD 图纸"一层柱 .dwg"链接到 Revit。

（3）执行"柱转化"命令，调出"柱识别"对话框，提取 CAD 图纸中柱边线层、标注及引线层，如图 7-16 所示。

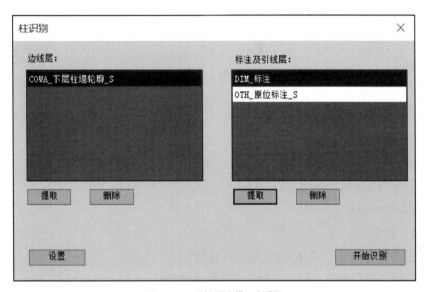

图 7-16　"柱识别"对话框

（4）开始识别，成功识别 36 个柱，混凝土等级为 C30，如图 7-17 所示。

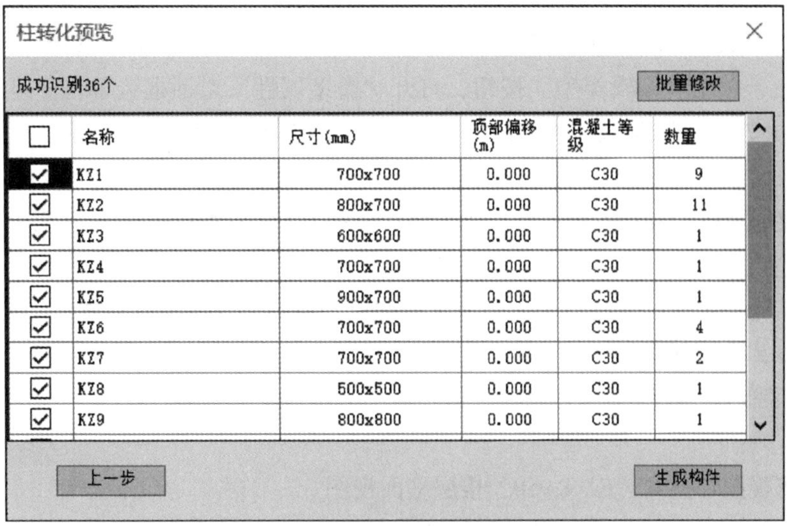

	名称	尺寸(mm)	顶部偏移 (m)	混凝土等级	数量
☑	KZ1	700x700	0.000	C30	9
☑	KZ2	800x700	0.000	C30	11
☑	KZ3	600x600	0.000	C30	1
☑	KZ4	700x700	0.000	C30	1
☑	KZ5	900x700	0.000	C30	1
☑	KZ6	700x700	0.000	C30	4
☑	KZ7	700x700	0.000	C30	2
☑	KZ8	500x500	0.000	C30	1
☑	KZ9	800x800	0.000	C30	1

柱转化预览　成功识别36个　批量修改　上一步　生成构件

图 7-17　识别柱网

（5）生成构件后，三维显示，如图 7-18 所示。

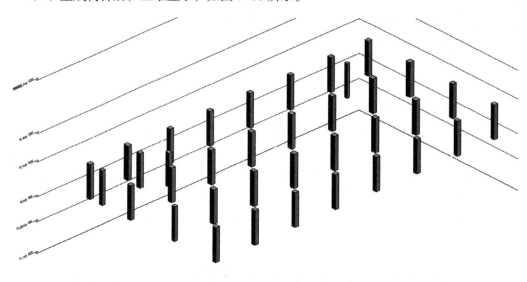

图 7-18　完成后的柱网

7.3.5　创建梁

1. 直接 Revit 创建梁

● 功能区："结构"选项卡→"结构"面板→"梁"按钮

● 快捷键：BM

【操作步骤】

（1）将视图切换到"F2_8.950"楼层平面视图。

（2）执行"梁"命令，打开"修改|放置 结构柱"选项卡和选项栏。

（3）载入"混凝土–矩形梁"族。打开"载入族"对话框，选择 China →"结构"→"框架"→"混凝土"文件夹中的"混凝土–矩形–柱 .rfa"族文件，载入"混凝土–矩形梁 .rfa"族文件。

（4）创建 KL（4）_300×750 结构梁类型。在"属性"选项板中选择"混凝土–矩形梁"类型，单击"编辑类型"按钮，打开"类型属性"对话框，单击"复制"按钮，新建"300×750mm"类型，将 b 改为 300，h 改为 750，如图 7-19 所示。单击"确定"按钮。

（5）在选项栏中设置高度为 F2_8.950，根据 CAD 图纸梁的定位放置"KL（4）_300×750"结构梁。

（6）结构梁定义完成后，单击布置梁的起点和终点，完成梁的创建。

2. 用红瓦插件创建梁

● 功能区："建模大师（建筑）"选项卡→"梁转化"按钮

【操作步骤】

（1）将视图切换到"F2_8.950"楼层平面视图。

（2）链接 CAD 文件，将 CAD 图纸"二层梁 .dwg"链接到 Revit。检查轴网并保证轴网对齐一致。

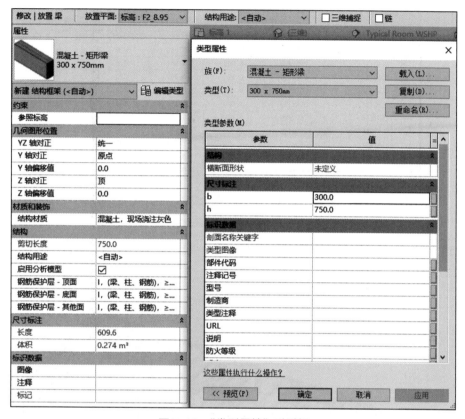

图 7-19 "类型属性"对话框

（3）执行"梁转化"命令，调出"梁识别"对话框，提取 CAD 图纸中柱边线层、标注及引线层，如图 7-20 所示。

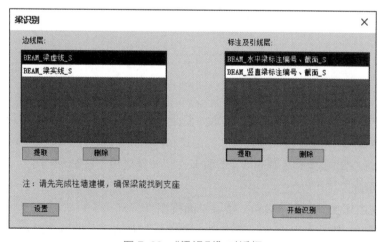

图 7-20 "梁识别"对话框

（4）开始识别，成功识别 127 个梁，混凝土等级 C30，如图 7-21 所示；也可在"批量修改"对话框中修改名称、尺寸、梁顶偏移量和混凝土等级等。

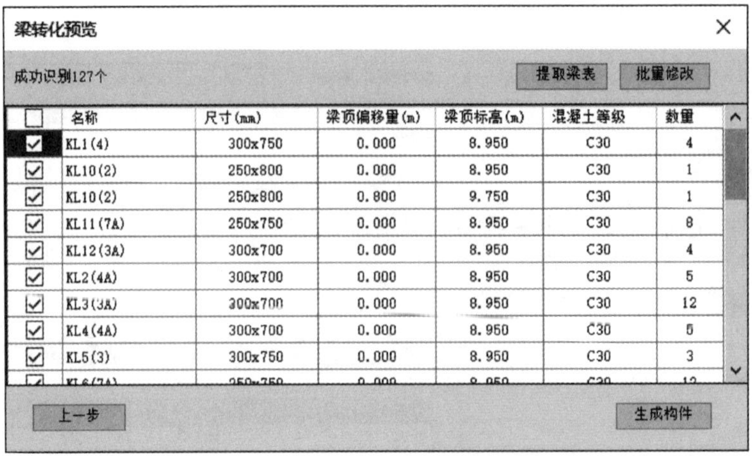

	名称	尺寸(mm)	梁顶偏移量(m)	梁顶标高(m)	混凝土等级	数量	
☑	KL1(4)	300x750	0.000	8.950	C30	4	
☑	KL10(2)	250x800	0.000	8.950	C30	1	
☑	KL10(2)	250x800	0.800	9.750	C30	1	
☑	KL11(7A)	250x750	0.000	8.950	C30	8	
☑	KL12(3A)	300x700	0.000	8.950	C30	4	
☑	KL2(4A)	300x700	0.000	8.950	C30	5	
☑	KL3(3A)	300x700	0.000	8.950	C30	12	
☑	KL4(4A)	300x700	0.000	8.950	C30	5	
☑	KL5(3)	300x750	0.000	8.950	C30	3	
☑	KL6(7A)	250x750	0.000	8.950	C30	12	

梁转化预览 成功识别127个 提取梁表 批量修改 上一步 生成构件

图 7-21 识别梁

（5）单击"生成构件"，即可生成对应梁。视图切换为默认三维视图显示，如图 7-22 所示。

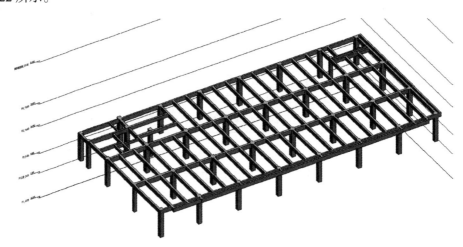

图 7-22 完成后的柱、梁网

7.3.6 创建楼板

下面采用红瓦插件"一键成板"功能，快速根据建筑结构构件围成的封闭区域生成建筑结构楼板。

● 功能区："建模大师（建筑）"选项卡→"一键成板"按钮

【操作步骤】

（1）将视图切换到"F2_8.950"楼层平面视图。

（2）执行"一键成板"命令，调出"一键成板"对话框，即可自动按柱、梁内边线生成楼板，如图 7-23 所示。

（3）本层柱、梁、板"一键剪切"，如图 7-24 所示。

（4）视图切换到三维视图，完成后的柱、梁、板三维视图如图 7-25 所示。

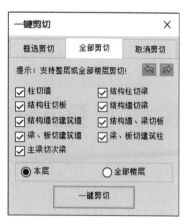

图 7-23　"一键成板"对话框

图 7-24　一键剪切柱、梁、板

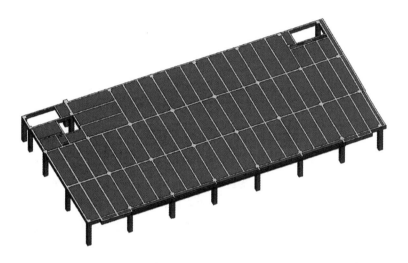

图 7-25　完成后的柱、梁、板结构模型

学习笔记

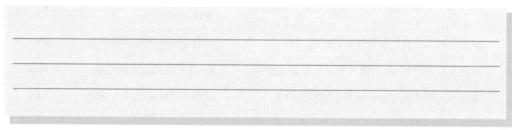

本章微课

创建标高和轴网

CAD 图纸处理

第 8 章　Revit 案例——暖通

【思维导图】

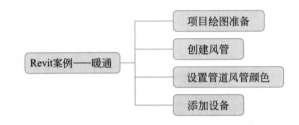

【教学目标】

通过学习本章 Revit 机电建模的知识，掌握项目绘图准备工作，链接 Revit 结构模型和链接 CAD 图纸的操作；掌握创建风管系统和风管参数配置的方法；掌握直接采用 Revit 和红瓦插件快速创建风管、编辑风管和设置风管材质颜色的操作；掌握添加防火阀、散流器等管道附（配）的添加方法，达到能创建风管系统模型的能力。

【教学要求】

能力目标	知识目标	权重
掌握链接 Revit 结构模型和链接 CAD 图纸操作	链接 Revit 结构模型；链接 CAD 图纸	15%
掌握创建风管系统和风管参数配置	风管系统和风管参数配置	25%
掌握直接采用 Revit 创建风管系统模型的操作	Revit 系统机电模块功能	30%
掌握红瓦插件快速创建风管系统模型的操作	建模大师机电模块功能	30%

8.1　项目绘图准备

本章以某车间为例，介绍创建建筑风管系统的操作方法。

8.1.1　链接 Revit 结构模型

（1）新建项目。单击"文件"→"项目"按钮，打开"新建项目"对话框，单击"样板文件"右侧"浏览 ..."按钮，选择"车间 1- 暖通 .rte"文件，如图 8-1 所示，单击"确定"按钮，切换视图到"默认三维视图"。

图 8-1　链接样板文件

（2）链接结构模型。单击"插入"选项卡→"链接"→"链接 Revit"按钮，打开"导入/链接 RVT"对话框，在"定位"下拉列表中选择"自动－原点到原点"选项，其他采用默认设置，如图 8-2 所示。单击"打开"按钮，将结构模型链接至项目文件中。

图 8-2　链接模型文件

（3）视图显示的调整。将视图切换至"默认三维视图"窗口，详细程度设为"中等"，视觉样式改为"着色"。左侧视图属性中的规程设计为"协调"。启用"可见性/图形"工具，如图 8-3 所示。在"可见性/图形替换"对话框中，取消勾选"可见性"列表中的"楼板"复选框，完成后的三维视图显示如图 8-4 所示。

（4）复制/监视标高。将视图切换至"南机械立面视图"，发现绘图区域中包含两套标高：一套是机械样板文件中自带的标高；另一套是链接模型的标高。

单击"协作"选项卡→"坐标"面板→"复制/监视"下拉列表中的"选择链接"按钮，在视图中选择链接模型，打开"复制/监视"选项卡，如图 8-5 所示。

（5）单击"工具"面板中的"复制"按钮，在立面视图中选择所有标高，单击"完成"按钮，完成标高复制。

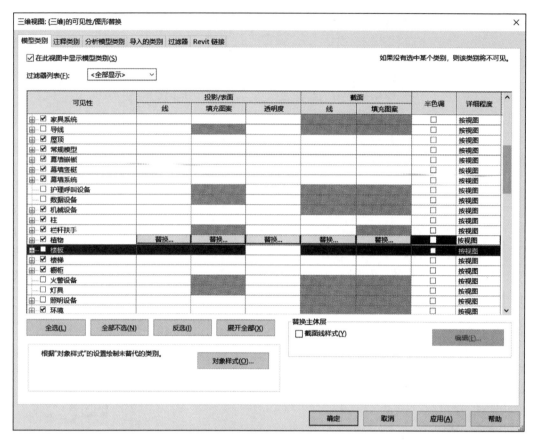

图 8-3 "可见性 / 图形替换"对话框

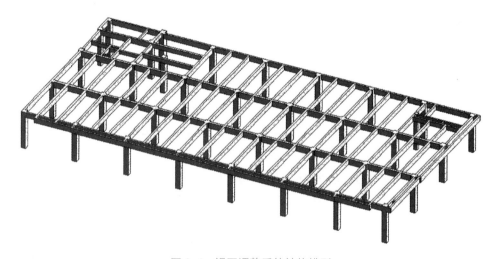

图 8-4 视图调整后的结构模型

图 8-5 "复制 / 监视"选项卡

（6）选取机械样板自带的标高 1 和标高 2，按 Del 键，弹出警告对话框，单击"确定"按钮，删除自带的标高和对应的楼层平面。

（7）单击"视图"选项卡→"创建"面板→"平面视图"下拉列表中的"楼层平面"按钮，打开"新建楼层平面"对话框，选取所有的标高，如图 8-6 所示。单击"确定"按钮，平面视图名称显示在项目浏览器中。

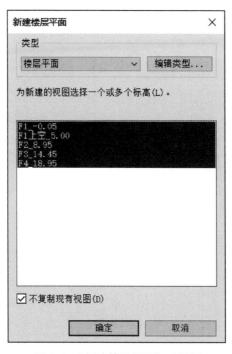

图 8-6　"新建楼层平面"对话框

（8）单击快速访问工具栏中的"保存"按钮，将项目文件进行保存，并复制一份以便创建暖通系统、消防给水系统和电气系统。

8.1.2　链接 CAD 图纸

创建完成建筑或结构模型后，可在此基础上导入 CAD 图纸，以 CAD 图纸为参考，开始创建暖通通风模型。下面介绍导入 CAD 图纸的操作，以及将 CAD 图纸与结构模型对齐、关闭 CAD 图纸的显示以及隐藏结构模型图元的操作步骤。

（1）打开已经绘制完成的"车间 1_F2- 暖通 .rvt"文件，在其中进行暖通模型的创建操作。

（2）将视图切换到楼层平面"F2_8.95"视图。选择"插入"选项卡，单击"导入"面板中的"导入 CAD"按钮，调出"链接 CAD 格式"对话框。

（3）在"链接 CAD 格式"对话框中选择"二层暖通 .dwg"文件，设置"导入单位"为"毫米"，选择"定位"为"自动 - 原点到原点"选项，选择"放置于"为"F2_8.95"视图，如图 8-7 所示，单击"打开"按钮。

（4）链接进来的 .dwg 文件如图 8-8 所示，保证 CAD 文件与结构模型重合。如不重合，单击"修改"面板→"对齐"按钮，进行对齐调整。

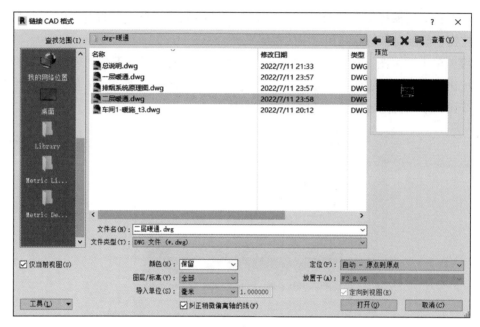

图 8-7　链接 CAD 文件

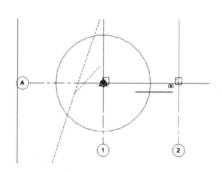

图 8-8　链接文件轴网与模型轴网对齐

（5）选择 CAD 文件，在"修改 | 二层暖通 .dwg"选项卡中，绘制图层背景改为"前景"，并在"修改 | 二层暖通 .dwg"选项卡中单击"锁定"按钮 ，将 CAD 图纸锁定。

（6）选择"视图"选项卡，单击"图形"面板中的"可见性 / 图形"按钮，在"可见性 / 图形替换"对话框中选择"导入的类别"选项卡，在其中显示从外部导入项目文件中的图形文件，取消选择"二层暖通 .dwg"选项，如图 8-9 所示。单击"确定"按钮关闭对话框，CAD 图纸被关闭显示。

（7）选择结构模型图元，右击，再选择"在视图中隐藏 | 图元"选项，将结构模型图元隐藏。

（8）再次启用"可见性 / 图形"工具，在"可见性 / 图形替换"对话框中重新选择"暖通平面图 .dwg"选项，单击"确定"按钮，可重新显示 CAD 图纸。

（9）调出"文件"→"选项"对话框，在左侧选择"图形"选项卡的"颜色"选项组下单击"背景"选项，在调出的"颜色"对话框中选择黑色，单击"确定"按钮关闭对话框，完成设置绘图区域颜色的操作。

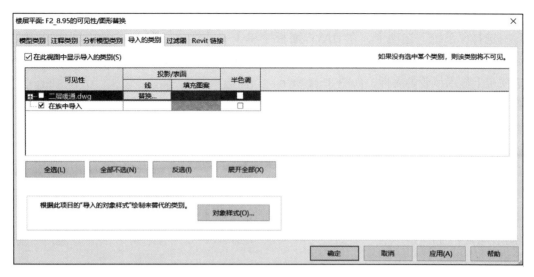

图 8-9　隐藏链接文件

8.2　创建风管

8.2.1　Revit 创建风管

1. 创建风管系统

风管系统中包含各种类别的管道，例如送风管、排风管和回风管。通过复制来创建所需要的管道类型。

在项目浏览器面板中，单击"族"→"风管系统"→"排风"，在"排风"上右击，在弹出的对话框中，复制出"排风 2"，并重命名为"PY_排风兼排烟 F2"，如图 8-10 所示。

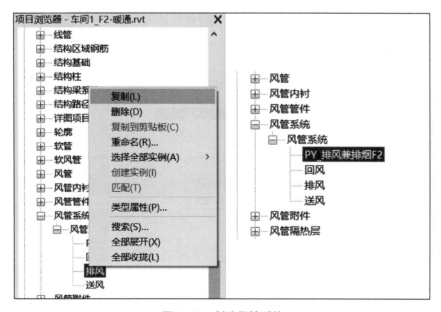

图 8-10　创建风管系统

2. 风管属性设置

选择"系统"选项卡，在 HAVC 面板中单击"风管"命令按钮，进入"修改|放置 风管"选项卡。在"属性"选项板上显示风管的属性，如图 8-11 所示，当前选择的风管类型为"矩形风管：半径弯头/T 形三通"，在"机械"选项组下，"系统分类"为"排风"，"系统类型"为"PY_排风兼排烟 F2"，在"机械－流量"选项组中显示风管的默认设置参数。

单击"编辑类型"按钮，打开"类型属性"对话框。单击"族"选项，在调出的列表中显示风管的类型，包含"矩形风管""椭圆形风管"以及"圆形风管"，如图 8-12 所示。

单击"布管系统配置"选项后的"编辑"按钮，调出"布管系统配置"对话框，如图 8-13 所示。

项目文件中，如未自带风管构件，需要用户从外部文件中导入。

单击"载入族"按钮，调出"载入族"对话框，选择风管构件，如图 8-14 和图 8-15 所示，单击"打开"按钮，可将选中的族文件载入当前项目文件中。

执行"载入族"操作后，在"布管系统配置"对话框中单击相应的选项，如单击"首选连接类型"选项，在调出的列表中显示已载入的连接构件类型，单击选择其中一个即可，如图 8-16 所示。

重复地执行"载入族"操作，将相应的风管构件载入项目文件中。

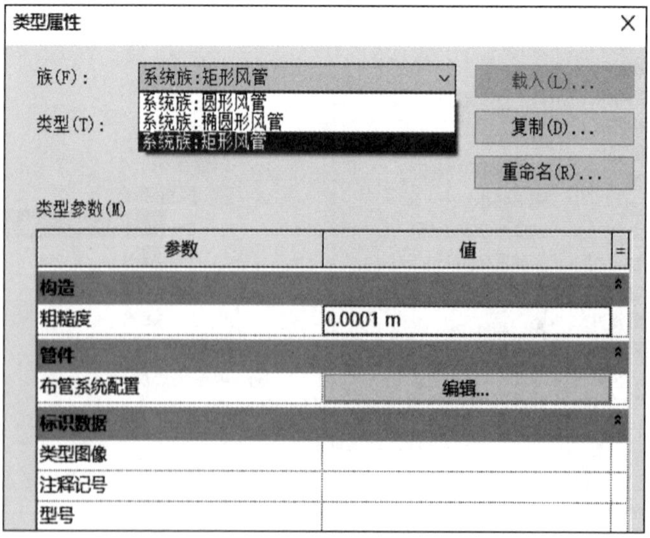

图 8-11 风管"属性"选项板

图 8-12 风管"类型属性"对话框

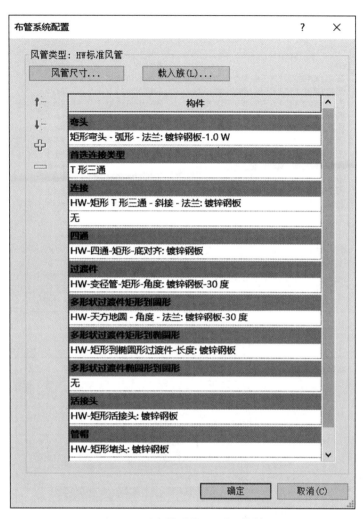

图 8-13　"布管系统配置"对话框

图 8-14　"载入族"对话框

图 8-15 选择风管构件

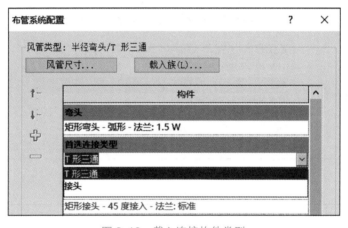

图 8-16 载入连接构件类型

8.2.2 使用红瓦插件创建风管

1. 创建管道系统

单击"建筑大师(机电)"→"快捷管综"→"管道系统",弹出"管道系统"对话框,根据已有的"排风"系统复制新的系统"PY_排风兼排烟 F2";并为风管设置线颜色和系统材质,以方便识别或编辑,如图 8-17 所示。

2. 风管系统转化

(1)单击"建筑大师(机电)"→"CAD 转化"→"风管转化",在弹出的"风管转化"对话框中提取管线层和标注层,如图 8-18 所示,并单击"开始识别"按钮。

(2)在弹出的"转化预览"对话框中,将 CAD 文件中的风管图层与系统类型、管道类型一一对应,如图 8-19 所示。

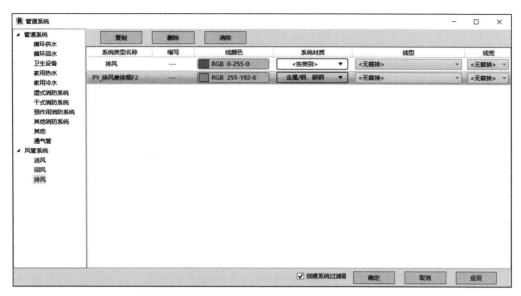

图 8-17　设置风管管道系统

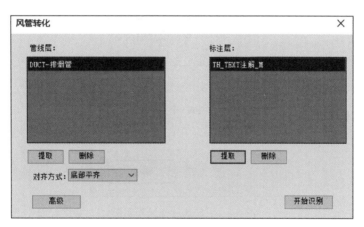

图 8-18　"风管转化"对话框

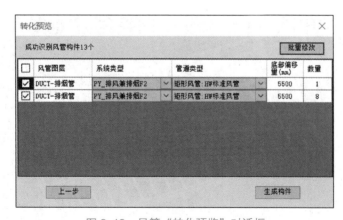

图 8-19　风管"转化预览"对话框

（3）单击"批量修改"按钮，在弹出的"批量修改"对话框中，设置"系统类型"为
"PY_排风兼排烟 F2"，"风管类型"为"矩形风管：半径弯头 /T 形三通"，"偏移量"为

"4650mm",如图 8-20 所示,并单击"确认"按钮。成功转化 9 个风管实例,如图 8-21 所示。

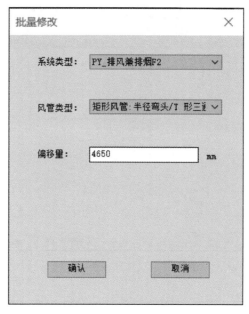

图 8-20 批量修改风管类型

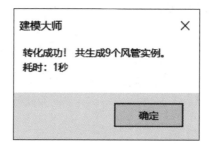

图 8-21 成功转化风管实例

(4)完成的风管三维视图如图 8-22 所示。

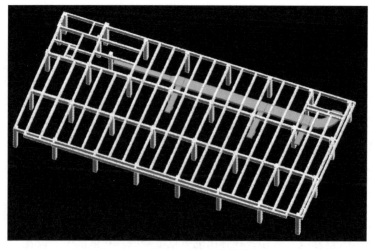

图 8-22 生成的风管三维视图显示

8.2.3 水平管道（风管）编辑

1. 管段（风管）分段

选中需分段的管段，单击"拆分图元"按钮，如图 8-23 所示。对照 CAD 文件中管段中变宽度和变高度的位置，对管段进行切分，如图 8-24 所示。

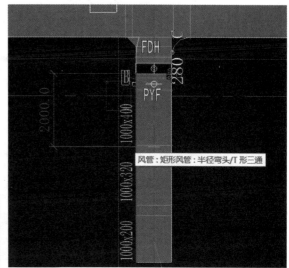

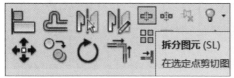

图 8-23 "拆分图元"按钮

图 8-24 切分管段

2. 管段（风管）尺寸修改

选中需修改的管段，在弹出的"修改|风管"选项栏中，输入正确的参数，如图 8-25 所示。修改后的管段如图 8-26 所示。

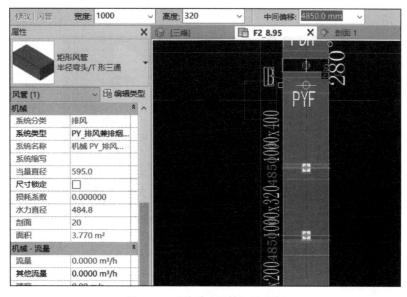

图 8-25 "修改|风管"选项栏

3. 管段对齐

选中需对齐的管段，单击"对正"按钮，打开如图 8-27 所示的"对正设置"对话框，设置水平对正、水平偏移和垂直对正。单击"完成"按钮，如图 8-28 所示。

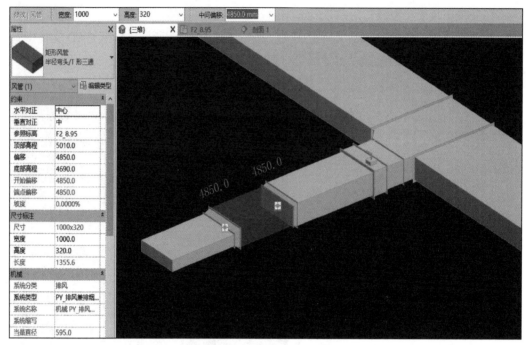

图 8-26　修改后的风管管段

图 8-27　"对正设置"对话框

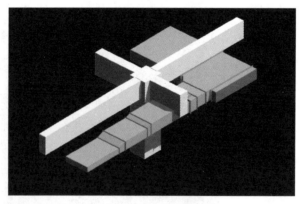

图 8-28　完成后的风管管段

4. 管段翻弯

单击"建筑大师（机电）"→"快速管综"→"一键翻弯"，在弹出的"一键翻弯"对话框中，设置"起翻高度"为"250mm"，"起翻方向"为"向下"，"起翻角度"为"45°"，如图 8-29 所示。

单击完成后的风管管段如图 8-30 所示。

图 8-29 设置"一键翻弯"对话框

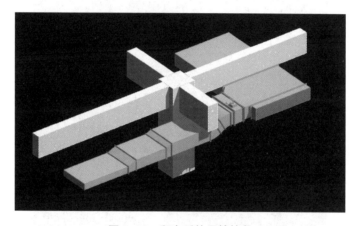

图 8-30 翻弯后的风管管段

8.2.4 绘制垂直风管

方法 1：将视图切换到楼层平面"F2_8.95"视图，选中风管管段，右击"连接件"，在弹出的选项卡中选择"绘制风管"，在选项栏中输入中间高程值（只要中间高程值不同即可），单击"应用"按钮，在变高程的地方自动生成一段立管，如图 8-31 所示。

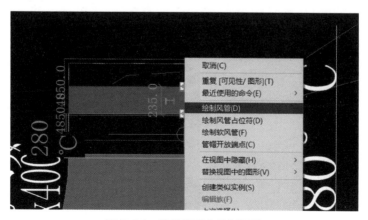

图 8-31 楼层平面中绘制风管

方法 2：将视图切换到楼层平面"F2_8.95"视图，在需添加立管的位置，绘制剖面视图"剖面 2"，如图 8-32 所示。再将视图切换到"剖面 2"视图，选中风管管段，右击"连接件"，在弹出的选项卡中选择"绘制风管"，绘制立管，并连接水平风管，如图 8-33 所示。

完成后的风管局部三维视图如图 8-34 所示。

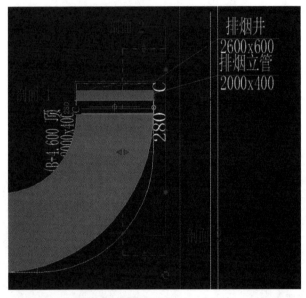

图 8-32　添加剖面视图"剖面 2"

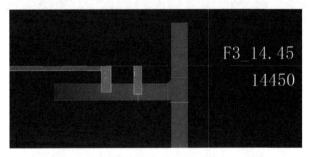

图 8-33　"剖面视图"中立管连接水平风管

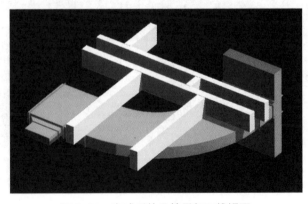

图 8-34　完成后的风管局部三维视图

8.3　设置管道风管颜色

　　风管系统的类型有很多种,例如送风系统、回风系统、新风系统等。在一个视图中可能包含多个风管系统,为方便区分各个系统,可为其设置不同的颜色。

　　(1)在"F2_8.95"视图中单击"视图"选项卡,在"图形"面板中单击"可见性/图形"按钮,调出"可见性/图形替换"对话框。选择"过滤器"选项卡,单击"添加"按钮,调出"添加过滤器"对话框,单击"编辑/新建"按钮,在弹出的"过滤器"对话框中单击左下角的"新建"按钮,调出"过滤器名称"对话框,在"名称"选项中设置过滤器名称,以风管系统的名称命名,如图 8-35 所示。

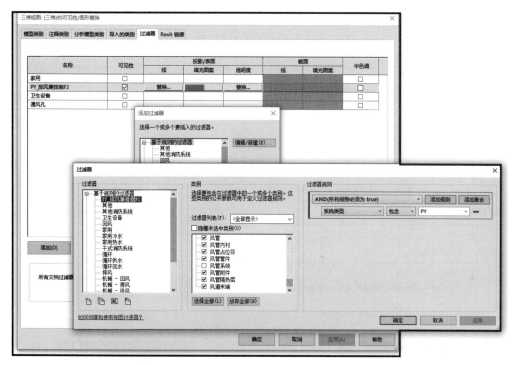

图 8-35　选择"过滤器"选项卡

　　(2)单击"确定"按钮返回"过滤器"对话框,在"类别"列表中选择与风管相关的选项,接着在"过滤条件"选项中选择"系统类型",在"包含"选项下输入 PY,表示在执行过滤操作时,以系统类型为过滤条件。单击"确定"按钮,在"添加过滤器"对话框中显示新建的过滤器,如图 8-36 所示。

　　(3)单击"确定"按钮,在"可见性/图形替换"对话框中显示新建的过滤器,如图 8-37 所示。

　　(4)在"投影/表面"列表中单击"填充图案"单元格,调出"填充样式图形"对话框。单击"颜色"选项,在"颜色"对话框中设置风管系统颜色,如图 8-38 所示。

　　(5)单击"确定"按钮关闭对话框,接着在"填充样式图形"对话框中单击"填充图案"选项,调出"图案样式"列表,选择"实体填充"选项,如图 8-39 所示。

　　(6)单击"确定"按钮关闭"填充样式"对话框,在"填充图案"单元格中显示所设置的填充图案及填充颜色,如图 8-40 所示。单击"确定"按钮关闭该对话框,不同类型的风管系统将以所设定的颜色显示。

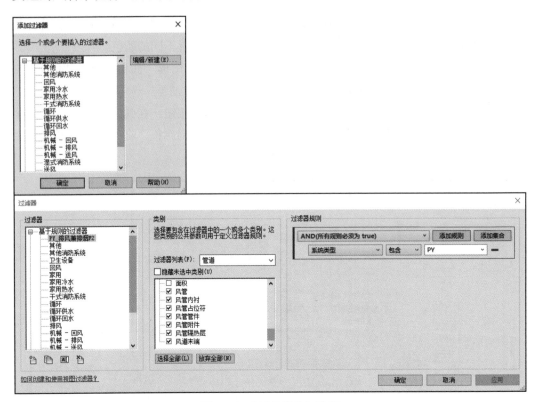

图 8-36 "过滤条件"选项

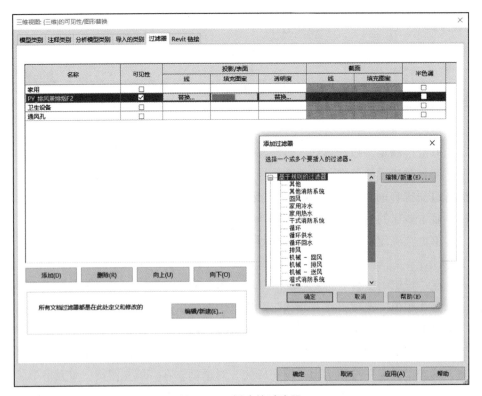

图 8-37 新建的过滤器

（7）完成风管颜色设置后，三维视图显示如图 8-41 所示。

图 8-38　"填充样式图形"对话框设置风管系统颜色　　　　图 8-39　"填充样式"对话框

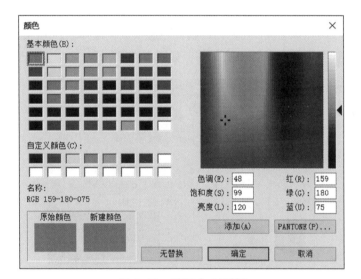

图 8-40　"颜色"对话框

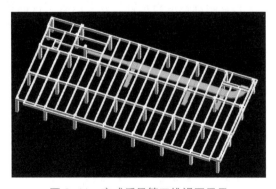

图 8-41　完成后风管三维视图显示

8.4 添加设备

1. 添加防火阀

单击"族库大师"→"公共族库",在弹出的"公共族库"对话框中,选择合适的防火阀族,并载入项目中,如图 8-42 所示。

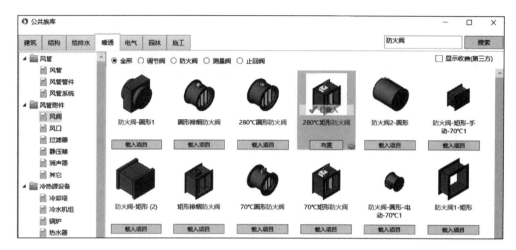

图 8-42 载入防火阀族

单击"系统"→"风管附件",在"属性"选项板中选择"280℃矩形防火阀"族并设置好高程,在视图中单击放置风管附件,如图 8-43 所示。

图 8-43 风管附件 "属性"选项板

如果在现有的风管中放置附件,应将指针移到要放置附件的位置,然后单击风管以将附件捕捉到风管端点处的连接件,如图 8-44 所示。附件会自动调整其高程,直到与风管匹配为止。

2. 添加散流器

建筑中的空调通风系统包含各种规格的风管以及各种样式的设备,本节介绍添加散流器设备以及绘制风管连接设备的操作方法。

(1)在 HAVC 面板中单击"风管末端"按钮,如图 8-45 所示。

(2)在"属性"选项板中选择"送风散流器 – 矩形",单击"编辑类型"按钮,调出"类型属性"对话框。单击"复制"按钮,在"名称"对话框中设置散流器名称。

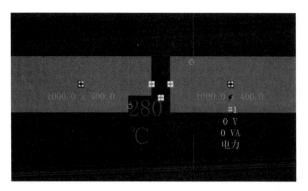

图 8-44 放置"防火阀"族

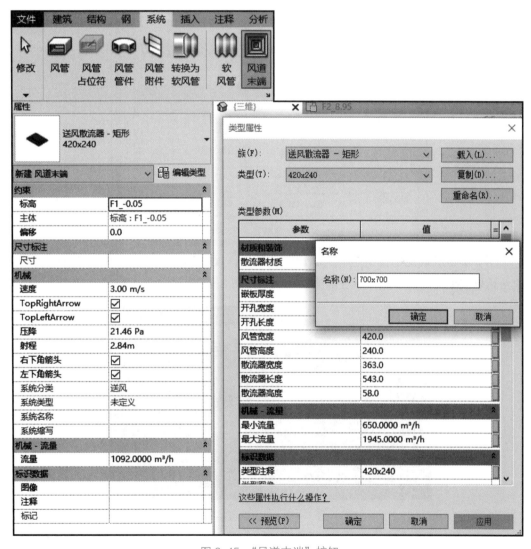

图 8-45 "风道末端"按钮

（3）单击"确定"按钮关闭对话框，在"类型属性"对话框中设置散流器尺寸参数，如图 8-46 所示。

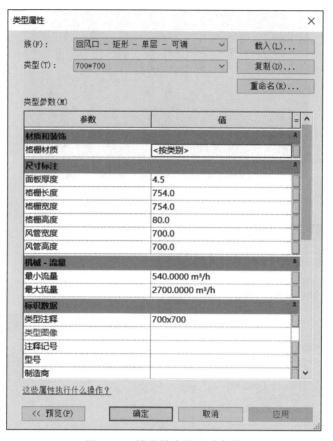

图 8-46　设置散流器尺寸参数

（4）单击"确定"按钮返回"属性"选项板，设置其偏移量为 5100。CAD 底图上单击拾取散流器的放置点，布置散流器的结果如图 8-47 所示。

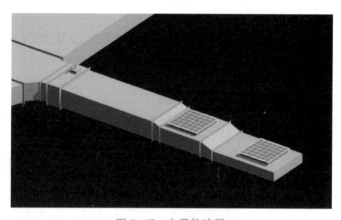

图 8-47　布置散流器

提示

　　在绘制风管连接设备时，系统常常在软件界面的右下角调出警示对话框，提示由于各种原因导致所绘风管不正确的用户可尝试多种方式来绘制风管与设备相连。

　　按照本章所介绍的绘制方法，继续绘制其他区域的风管并布置暖通设备，转换至三维视图，观察风管系统的创建结果，如图 8-48 所示。

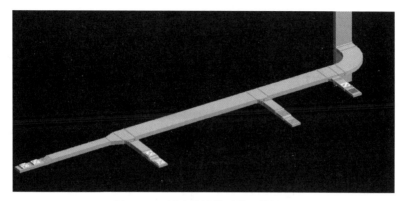

图 8-48　创建的风管系统三维视图

　　3. 添加管帽

　　（1）将管帽添加到风管。选取风管，打开"修改|风管"选项卡，单击"编辑"面板中的"管帽开放端点"按钮，管帽将添加到所选图元的所有开放端点。

　　（2）将管帽添加到风管管网。选取风管管网，单击"修改|风管"选项卡的"编辑"面板中的"管帽开放端点"按钮，管帽将被添加到所选管网的所有开放端点。

学习笔记

第 9 章 Revit 案例——给水排水

【思维导图】

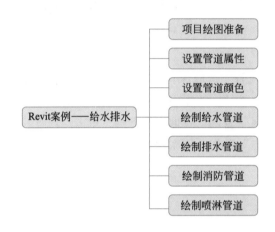

【教学目标】

通过学习本章 Revit 机电建模的知识，掌握项目绘图准备工作，链接 Revit 结构模型和链接 CAD 图纸的操作；掌握创建管道系统和管道参数配置的方法；掌握直接采用 Revit 和红瓦插件快速创建、编辑管道和设置管道材质颜色的操作；掌握布置消火栓、阀门和存水弯等管道附件的添加方法，达到能创建管道系统模型的能力。

【教学要求】

能 力 目 标	知 识 目 标	权重
掌握链接 Revit 结构模型和链接 CAD 图纸操作	链接 Revit 结构模型； 链接 CAD 图纸	15%
掌握创建管道系统和管道参数配置	水管系统和水管参数配置	25%
掌握直接采用 Revit 创建管道系统模型的操作	Revit 系统机电模块功能	30%
掌握红瓦插件快速创建管道系统模型的操作	建模大师机电模块功能	30%

9.1　项目绘图准备

9.1.1　链接 Revit 结构模型

（1）新建项目。单击"文件"→"项目"按钮，打开"新建项目"对话框，单击"样板文件"右侧"浏览 ..."按钮，选择"车间 1- 给排水 .rte"文件，如图 9-1 所示，单击"确定"按钮，切换视图到"默认三维视图"。

图 9-1　链接样板文件

（2）链接结构模型。单击"插入"选项卡→"链接"→"链接 Revit"按钮，打开"导入 / 链接 RVT"对话框，在"定位"下拉列表中选择"自动 - 原点到原点"选项，其他采用默认设置，如图 9-2 所示。单击"打开"按钮，将结构模型链接至项目文件中。

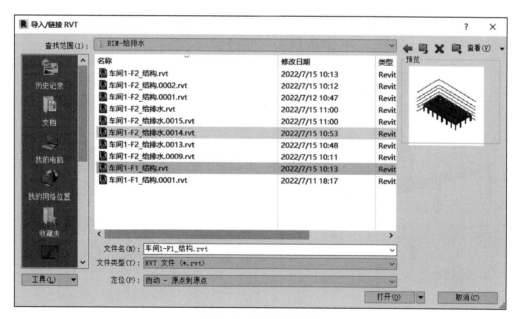

图 9-2　链接模型文件

（3）视图显示的调整。将视图切换至"默认三维视图"窗口，详细程度设为"中等"，视觉样式改为"着色"。左侧视图属性中的规程设计为"协调"。启用"可见性 / 图形"工具，如图 9-3 所示。在"可见性 / 图形替换"对话框中，模型类别中将楼板的可见性关闭，完成后的三维视图显示如图 9-4 所示。

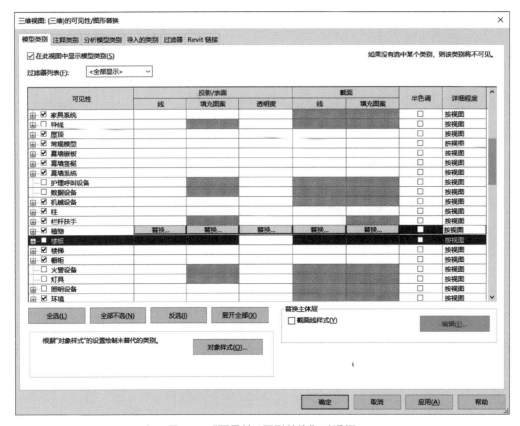

图 9-3 "可见性 / 图形替换"对话框

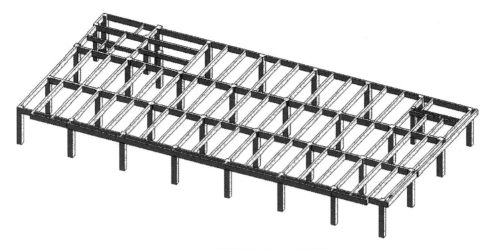

图 9-4 视图调整后的结构模型

（4）复制 / 监视标高。将视图切换至"南机械立面视图"，发现绘图区域中包含两套标高：一套是机械样板文件中自带的标高；另一套是链接模型的标高。

单击"协作"选项卡→"坐标"面板→"复制 / 监视"下拉列表中的"选择链接"按钮，在视图中选择链接模型，打开"复制 / 监视"选项卡，如图 9-5 所示。

图 9-5　"复制 / 监视"选项卡

（5）单击"工具"面板中的"复制"按钮，在立面视图中选择所有标高，单击"完成"按钮，完成标高复制。

（6）选取机械样板自带的标高 1 和标高 2，按 Del 键，打开警告对话框，单击"确定"按钮删除自带的标高和对应的楼层平面。

（7）单击"视图"选项卡→"创建"面板→"平面视图"下拉列表中的"楼层平面"按钮，打开"新建楼层平面"对话框，选取所有的标高，如图 9-6 所示。单击"确定"按钮，平面视图名称显示在项目浏览器中。

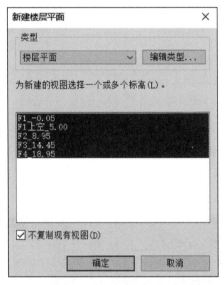

图 9-6　打开"新建楼层平面"对话框

（8）单击快速访问工具栏中的"保存"按钮，将项目文件进行保存，并复制一份以便创建暖通系统、消防给水系统和电气系统。

9.1.2　链接 CAD 图纸

将 .dwg 格式的给排水平面图导入 Revit 中，可以作为底图为绘制给水排水案例提供参考，例如绘制给水排水管道以及布置给水排水设备。本节介绍导入 CAD 图纸的操作方法。

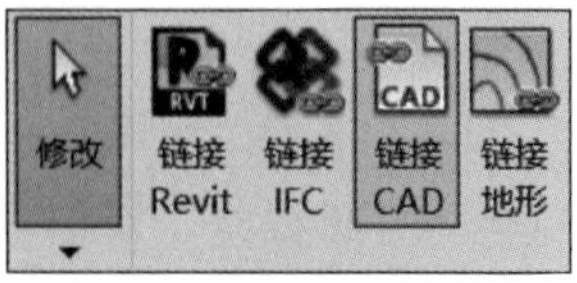

（1）打开"车间 1-F2_ 给水排水"模型文件，选择"链接"选项卡，单击"链接"面板中的"链接 CAD"按钮，如图 9-7 所示。

（2）在调出的"链接 CAD 格式"对话框中选择"二层给排水平面图 _t3.dwg"文件，在"导入单位"选项中选择"毫米"选项，设置"放置于"

图 9-7　"链接"选项卡

为"F2_8.95",如图 9-8 所示。

图 9-8 "链接 CAD 格式"对话框

（3）单击"修改"选项卡中的"对齐"按钮，再单击结构模型中的 1 轴，接着单击 CAD 图纸中的 1 轴，可将轴对齐并重合，然后依次单击结构模型中的 C 轴、CAD 图纸中的 C 轴，将结构模型与 CAD 图纸对齐重合，如图 9-9 所示。最后单击"锁定"按钮，将 CAD 图纸锁定。

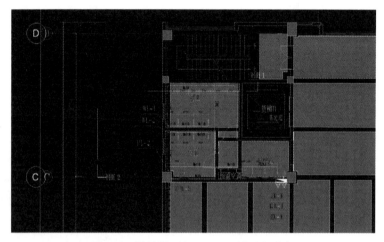

图 9-9 结构模型与 CAD 图纸对齐重合

（4）选择"视图"选项卡，单击"图形"面板中的"可见性／图形"按钮。在"可见性／图形替换"对话框中选择"导入的类别"选项卡，取消选择"二层给排水平面图 _t3.dwg"选项，如图 9-10 所示。单击"确定"按钮关闭对话框，完成隐藏 CAD 图纸的操作。

（5）在"可见性／图形替换"对话框中选择"Revit 链接"选项卡，取消选择"车间 1-F1_ 结构 .rvt"和"车间 1-F2_ 结构 .rvt"选项，如图 9-11 所示。单击"确定"按钮关闭对话框，完成隐藏结构模型的操作。

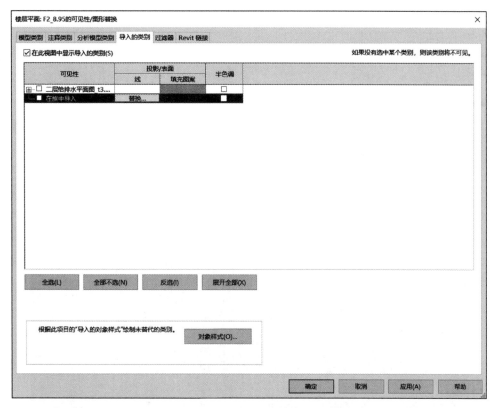

图 9-10　"可见性 / 图形替换"对话框

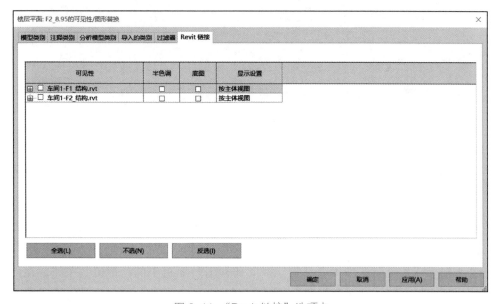

图 9-11　"Revit 链接"选项卡

（6）将结构模型隐藏后，接着调出"可见性 / 图形替换"对话框，在"导入的类别"选项卡中重新选择"二层给水排水平面图 _t3.dwg"选项，使其重新显示在绘图区域中。

（7）选择CAD图纸，在"修改|一层消防给水排水平面图.dwg"选项卡中单击"查询"按钮，在CAD图纸上单击轴线，调出"导入实例查询"对话框，在其中显示关于轴线的信息，如图9-12所示。

图 9-12 "导入实例查询"对话框

（8）单击"确定"按钮关闭对话框，可将轴线隐藏，结果如图9-13所示。

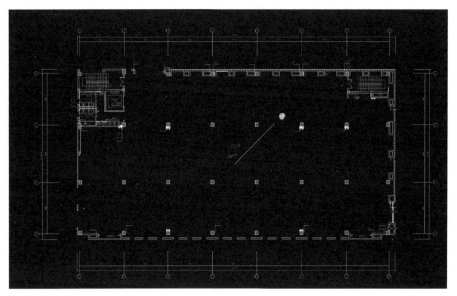

图 9-13 图形轴线隐藏

9.2 设置管道属性

给水排水系统中包含各种类别的管道，例如给水管、排水管和废水管。在"类型属性"对话框中，通过复制来创建所需要的管道类型，然后为各种不同类型的管道设置颜色，以方便识别或编辑。

（1）选择"系统"选项卡，单击"卫浴和管道"面板中的"管道"按钮，在"属性"选项板中显示默认的管道类型，如图9-14所示。在各选项组中显示管道参数，单击其中的"编辑类型"按钮。调出"类型属性"对话框，单击"复制"按钮，在调出的"名称"对话框中设置管道名称，单击"确定"按钮，可以完成复制管道类型的操作。

（2）单击"布管系统配置"选项后的"编辑"按钮，调出"布管系统配置"对话框。在"构件"列表中显示"无"（见图 9-15），表示当前项目文件中没有相应的水管构件。

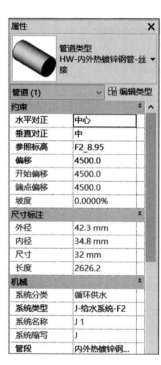

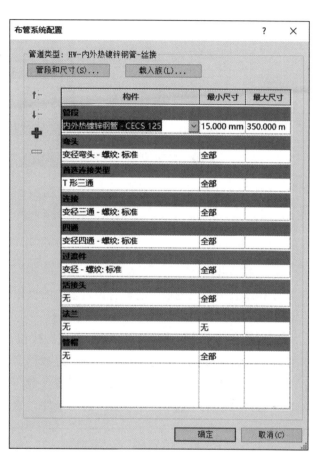

图 9-14　管道"属性"选项板　　　　图 9-15　"布管系统配置"选项

如当前项目文件中没有相应的水管构件，需单击"载入族"按钮，将管道构件载入当前项目文件中。

① 此时在"最小尺寸"列表中显示"无"，单击"确定"按钮，可以调出如图 9-16 所示的提示对话框，提醒用户为构件设置尺寸范围。

② 单击"关闭"按钮，返回"布管系统配置"对话框中设置"最小尺寸"参数，如图 9-17 所示。

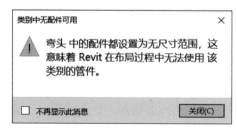

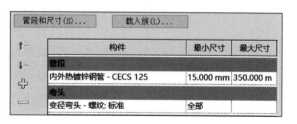

图 9-16　无配件提示对话框　　　　图 9-17　设置"最小尺寸"和"最大尺寸"参数

③ 单击"确定"按钮返回"类型属性"对话框。单击"复制"按钮，继续复制管道类型，并根据管道功能为管道设置名称，操作结果如图 9-18 所示。

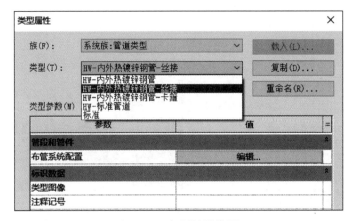

图 9-18　复制管道类型

9.3　设置管道颜色

给水排水管道颜色的设置与风管设置颜色的操作相同。

（1）在"可见性/图形替换"对话框中选择"过滤器"选项卡，单击"添加"按钮，在"添加过滤器"对话框中单击"编辑/新建"按钮，进入"过滤器"对话框。

（2）单击左下角的"新建"按钮，在"过滤器名称"对话框中设置过滤器名称，单击"确定"按钮返回"过滤器"对话框中设置参数。在"类别"列表中选择"管道"选项，在"过滤器规则"选项组中设置"过滤条件"参数，如图 9-19 所示。

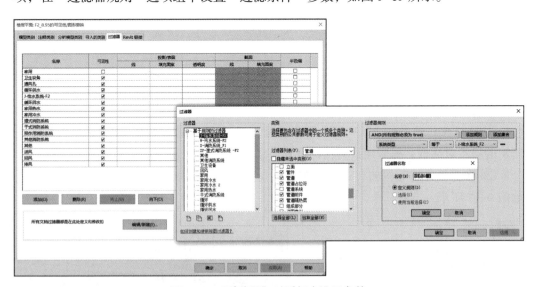

图 9-19　"过滤器"对话框中设置参数

（3）单击"确定"按钮返回"添加过滤器"对话框，选择过滤器，单击"确定"按钮，可完成添加过滤器的操作。在"可见性/图形替换"对话框中选择过滤器，单击

"填充图案"单元格,调出"填充样式图形"对话框,如图 9-20 所示。

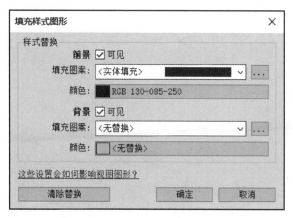

图 9-20 "填充样式图形"对话框

(4)单击"颜色"选项,在"颜色"对话框中选择颜色类型,如图 9-21 所示。单击"确定"按钮关闭对话框完成设置。接着单击"填充图案"选项,在图案列表中选择"实体填充"类型图案,单击"确定"按钮,完成管道颜色的设置。

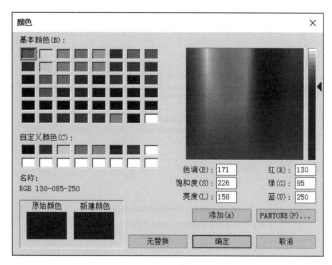

图 9-21 设置管道颜色

(5)重复上述操作,为各类型管道设置不同的颜色及填充图案。

管道颜色的设置仅对当前视图有效,在其他视图中失效,因此需要在各视图中设置管道的颜色。

9.4 绘制给水管道

CAD 底图上二层卫生间给水管的走向如图 9-22 所示。

CAD 图纸导入 Revit 中作为底图为创建水系统做参照时,由于 Revit 默认的绘图区域为白色,Revit 默认的绘图区域为黑色,造成链接或导入 Revit 软件的 CAD 文件线条显示不清。这时可以通过修改 Revit 绘图区域背景颜色来解决。

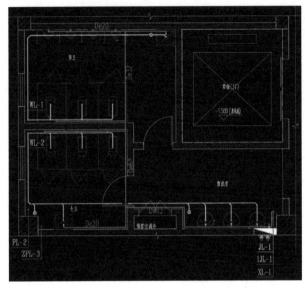

图 9-22　二层卫生间给水管网

找到"应用程序"→"选项"按钮，单击"选项"按钮，调出"选项"对话框，如图 9-23 所示。

图 9-23　"选项"对话框

在左侧单击"图形"选项卡中"颜色"选项组下的"背景"选项，在调出的"颜色"对话框中选择黑色，单击"确定"按钮关闭对话框，完成设置绘图区域颜色的操作。

9.4.1　直接 Revit 创建管道

1.设置管道系统

在项目浏览器面板中，单击"族"→"管道系统"→"家用冷水"，右击"家用冷水"，在弹出的对话框中复制出"家用冷水 2"，并命名为"J- 给水系统 -F2"，如图 9-24 所示。

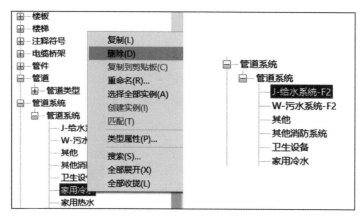

图 9-24　创建管道系统

2.创建给水管道

（1）选择"系统"选项卡，单击"卫浴和管道"面板中的"管道"按钮，进入"修改 | 放置 管道"选项卡。在选项栏上单击"直径"选项，在弹出的列表中选择"65mm"，接着在"偏移量"选项中设置参数为"4500mm"。在"属性"选项板中选择"J- 给水管"，在"系统类型"选项中选择"J- 给水系统 -F2"，如图 9-25 所示。

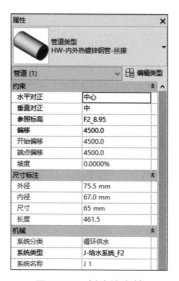

图 9-25　创建给水管

> **提示**
>
> "偏移量"中的参考值表示地面标高与管道中心线之间的间距。

（2）在 CAD 图纸上找到"JL-1"管道，在管道轮廓上单击，指定管道起点，向左移动鼠标，可以同时预览管道的绘制结果，指定管道的终点。

（3）重复上述操作，完成管网所有水平管的创建。将视图转换至三维视图即可观察管道的绘制结果。

9.4.2 使用红瓦插件创建管道

1. 创建管道系统

单击"建筑大师（机电）"→"快捷管综"→"管道系统"，弹出"管道系统"对话框，根据已有的"家用冷水"系统复制新的系统"J- 给水系统 -F2"；并为管道设置线颜色和系统材质，以方便识别或编辑，如图 9-26 所示。

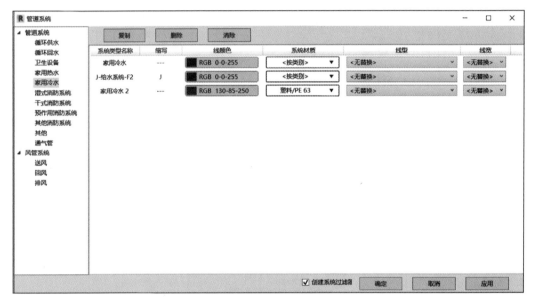

图 9-26　设置管道系统

2. 管道系统转化

（1）单击"建筑大师（机电）"→"CAD 转化"→"管道转化"，在弹出的"管道系统转化"对话框中，提取管线图层（横管层）和标注图层（横管标注层），如图 9-27 所示，并单击"开始识别"按钮。

（2）在调出的"转化预览"对话框中，将管道系统、系统类型和管道类型等参数与 CAD 文件一一对应，如图 9-28 和图 9-29 所示。

3. 转化后的给水管网

转化后生成的给水管网如图 9-30 所示。

4. 调整并检查管网参数

选中管段，检查管段的直径、标高和系统类型等，如图 9-31 所示。

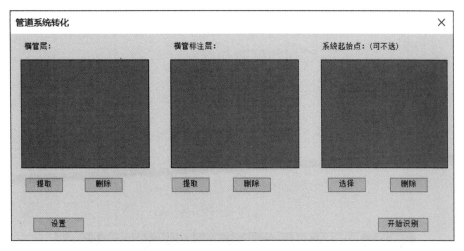

图 9-27　"管道系统转化"对话框

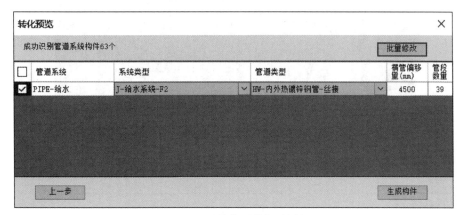

图 9-28　"转化预览"对话框

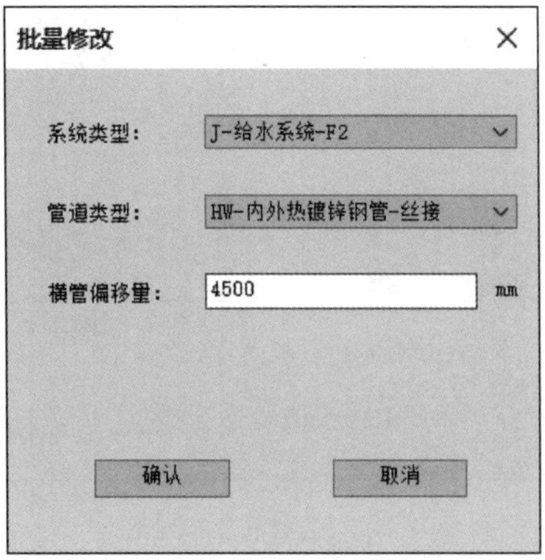

图 9-29　批量修改管道类型

5. 创建立管

（1）单击"建筑大师（机电）"→"CAD 转化"→"立管转化"，在弹出的"立管转化"对话框中，提取管线层和标注层，如图 9-32 所示，并单击"开始识别"按钮。

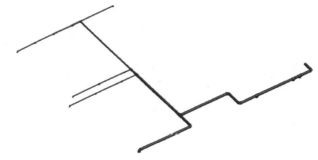

图 9-30　生成的给水管网

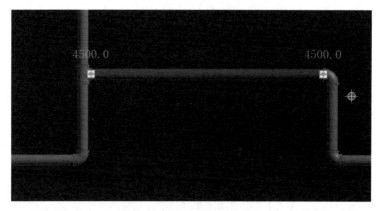

图 9-31　调整并检查管网

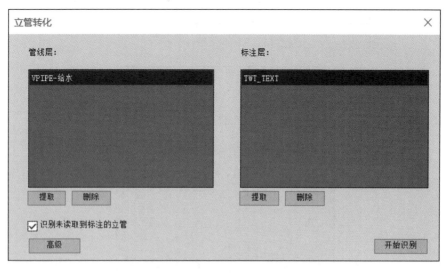

图 9-32　"立管转化"对话框

（2）在"转化预览"对话框中，检查识别成功的立管相对应的图层、直径、系统类型、管道类型和标高等，如图 9-33 所示。

（3）创建成功的立管与横管连接，如图 9-34 所示。

（4）绘制给水管的支管，生成方法同立管，创建后的给水管网如图 9-35 所示。

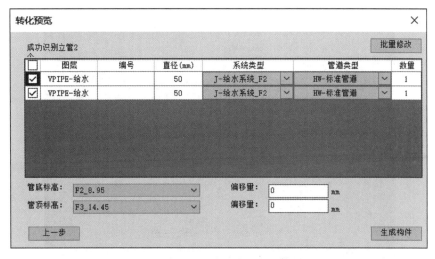

图 9-33　"转化预览"对话框

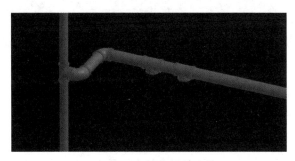

图 9-34　立管与横管连接

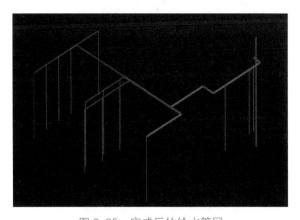

图 9-35　完成后的给水管网

9.5　绘制排水管道

在 CAD 底图上排水管的走向如图 9-36 所示。用户可以稍作修改，使管线的走向遵循横平竖直的规则。

下面结合 Revit 软件和红瓦插件讲解排水管网的绘制方法。

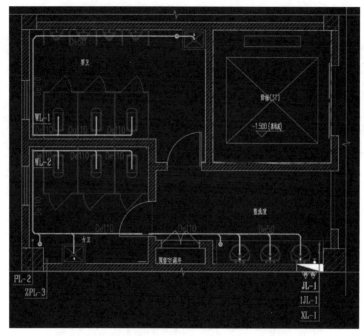

图 9-36 排水管的走向

1. 创建平面视图

在项目浏览器中，复制平面视图"F2_8.95"，并重命名为"F2_8.95 排水"。在"属性"对话框中，将"规程"改为"协调"，"子规程"改为"卫浴"，如图 9-37 所示。

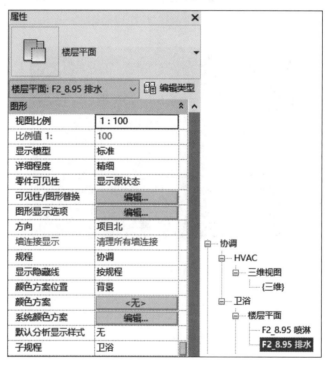

图 9-37 创建平面视图

将"属性"对话框中的视图范围修改成可看到楼板底的排水管，如图 9-38 所示。

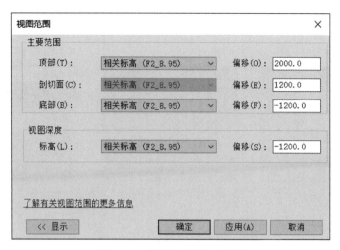

图 9-38 "视图范围"对话框

2. 创建管道系统

单击"建筑大师（机电）"→"快捷管综"→"管道系统"，弹出"管道系统"对话框，根据已有的"循环回水"系统复制新的系统"W- 污水系统 -F2"；并为管道设置线颜色和系统材质，以方便识别或编辑，如图 9-39 所示。

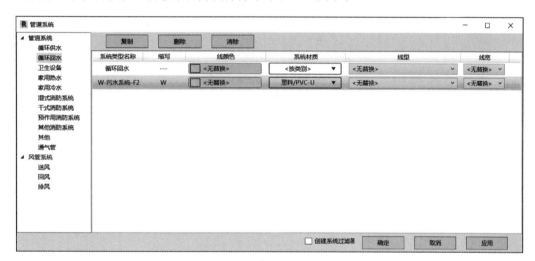

图 9-39　设置管道系统

3. 管道系统转化

（1）单击"建筑大师（机电）"→"CAD 转化"→"管道转化"，在弹出的"管道系统转化"对话框中，提取管线图层（横管层）和标注图层（横管标注层），如图 9-40所示，并单击"开始识别"按钮。

（2）在弹出的"转化预览"对话框中，将管道系统、系统类型和管道类型等参数与CAD 文件一一对应，如图 9-41 和图 9-42 所示。

4. 布置存水弯

载入"S 型存水弯"族，如图 9-43 所示；并在相应的管段上插入"S 型存水弯"族，如图 9-44 所示。

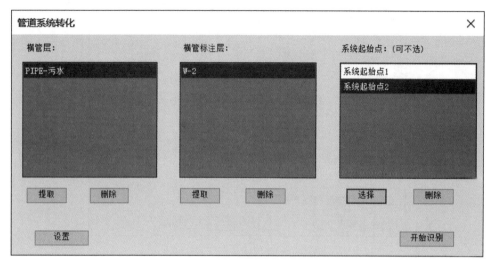

图 9-40 "管道系统转化"对话框

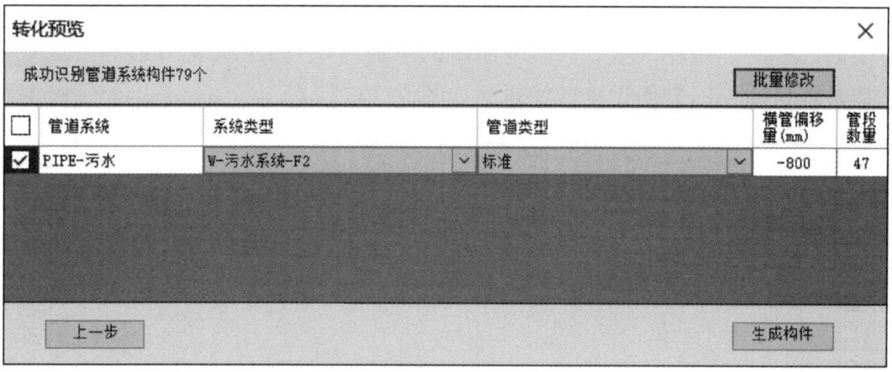

图 9-41 "转化预览"对话框

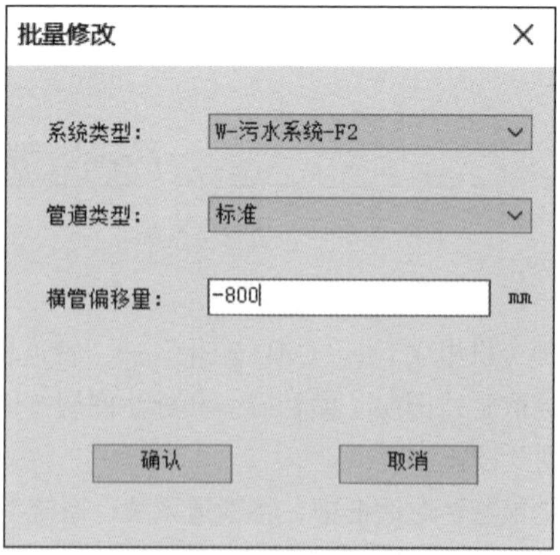

图 9-42 批量修改管道类型

5.调整并检查水平管道

选中管段，检查管段的直径、标高和系统类型等，如图 9-45 所示。

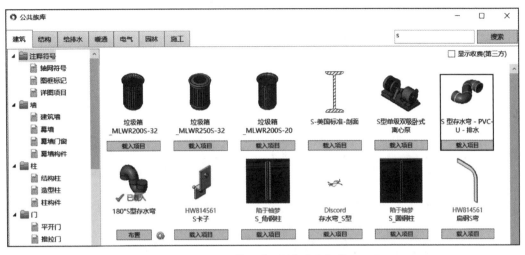

图 9-43　载入"S 型存水弯"族

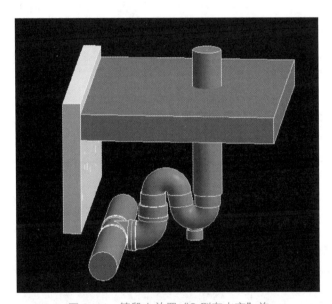

图 9-44　管段上放置"S 型存水弯"族

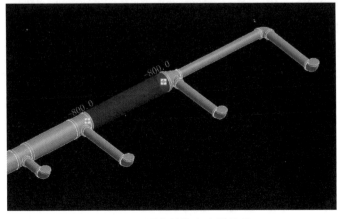

图 9-45　调整并检查水平管道

6. 创建立管

（1）单击"建筑大师（机电）"→"CAD 转化"→"立管转化"，在弹出的"立管转化"对话框中，提取管线层和标注层，如图 9-46 所示，并单击"开始识别"按钮。

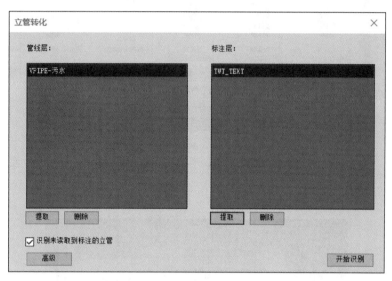

图 9-46 "立管转化"对话框

（2）在"转化预览"对话框中，检查识别成功的立管相对应的图层、直径、系统类型、管道类型和标高等，如图 9-47 所示。

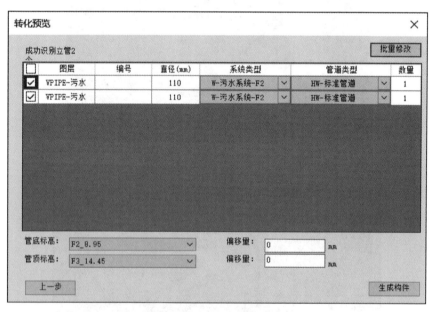

图 9-47 "转化预览"对话框

（3）创建成功的立管与横管连接，如图 9-48 所示。

（4）绘制给水管的支管，生成方法同立管，创建后的排水管道绘制结果如图 9-49 所示。

（5）转换至三维视图，观察管道的三维样式，结果如图 9-50 所示。

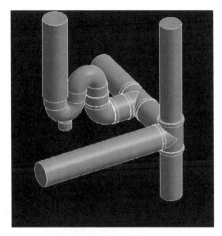

图 9-48　立管与横管连接

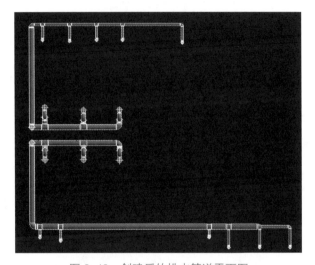

图 9-49　创建后的排水管道平面图

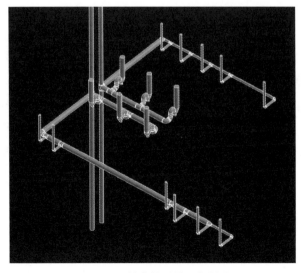

图 9-50　排水管道的三维样式

9.6　绘制消防管道

消防管道的绘制方法与给水管道、排水管道相同，依次绘制水平管、立管，并将管道相连接。布置室内消火栓箱后，还需要绘制支管与消防管道相连。本节介绍布置消火栓箱及绘制消防管道的操作方法。

9.6.1　链接 CAD 图纸

（1）打开"车间 1-F2　给排水"模型文件，选择"链接"选项卡，单击"链接"面板中的"链接 CAD"按钮，如图 9-51 所示。

图 9-51　"链接"选项卡

（2）在调出的"链接 CAD 格式"对话框中选择"一层上空消防平面图 _t3.dwg"文件，在"导入单位"选项中选择"毫米"，设置"放置于"为"F1_-0.05"，如图 9-52 所示。

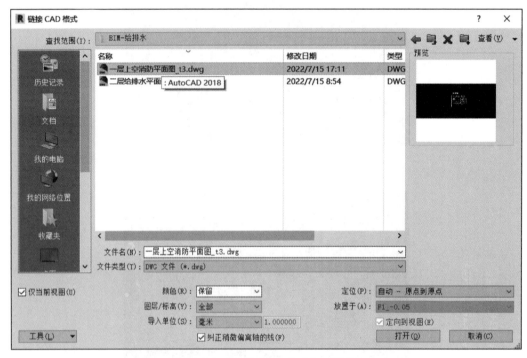

图 9-52　"链接 CAD 格式"对话框

9.6.2　布置消火栓

本小节结合 Revit 软件和红瓦插件介绍绘制消防管道的方法。

1. 直接放置消火栓

CAD 底图一层消防平面布置图如图 9-53 所示。

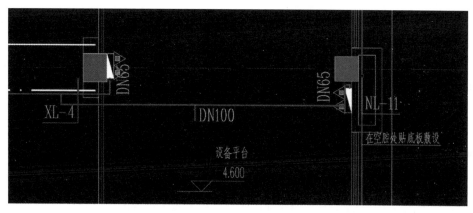

图 9-53　一层消防平面布置图

（1）载入"室内组合消火栓柜"族，如图 9-54 所示。

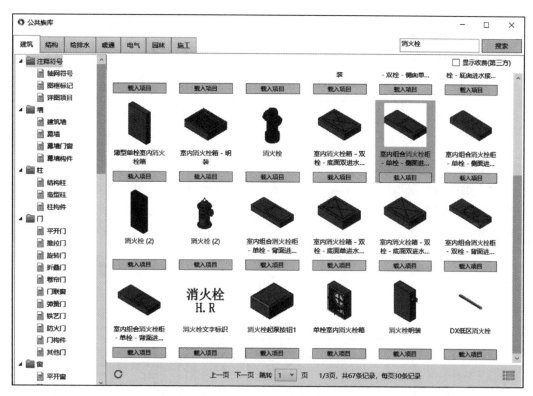

图 9-54　载入"室内组合消火栓柜"族

（2）在"机械"面板中单击"机械设备"按钮，如图 9-55 所示。

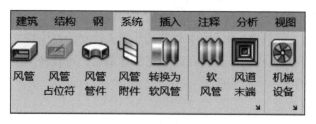

图 9-55　"机械"面板

（3）在"属性"选项板中选择"单栓室内消火栓箱"设备，安装高度为 1100mm，如图 9-56 所示。

（4）在"修改|放置 机械设备"选项卡中显示"放置"方式，默认选择"放置在垂直面上"，如图 9-57 所示。

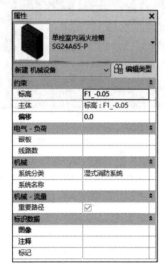

图 9-56 "属性"选项板   图 9-57 "放置"方式

提示

由于结构模型已被隐藏，在绘图区域中单击指定消火栓的放置点时，在界面右下角显示如图 9-58 所示的提示对话框，提示"找不到适当的主体。请尝试选择不同的主体面或切换放置模式"。

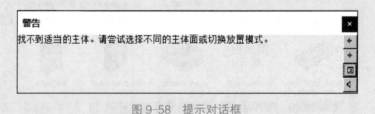

图 9-58 提示对话框

此时需在放置消火栓的位置绘制任意一道墙，然后再次启用"机械设备"命令，拾取墙体为主体，放置消火栓。

（5）在消火栓管道接口一侧显示进水管直径为 65mm，转换至三维视图，绘制一段水平管和竖向立管，绘制如图 9-59 所示的消防管道。

重复上述操作，继续在绘图区域中放置其他消火栓和绘制消防立管及管道，并通过绘制临时墙体来完成消火栓的布置，在绘制完成管道后，可转换至三维视图，观察消火栓及其管道的布置情况。

2. 消火栓 CAD 转化

（1）单击"建筑大师（机电）"→"CAD 转化"→"管道转化"，在弹出的"设备识别"对话框中提取图块层和标注层，如图 9-60 所示，并单击"生成构件"按钮。

图 9-59　完成后的消火栓

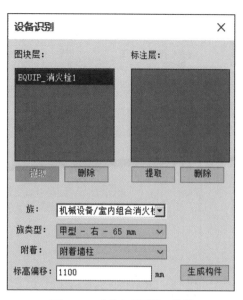

图 9-60　"设备识别"对话框

（2）转化生成后的消火栓设置，标高为 1100mm，如图 9-61 所示。

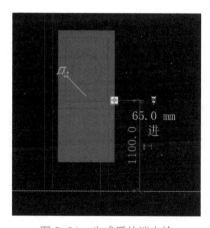

图 9-61　生成后的消火栓

9.6.3　绘制消防管网

1. 创建消防管道系统

单击"建筑大师（机电）"→"快捷管综"→"管道系统"，弹出"管道系统"对话框，根据已有的"循环供水"系统复制新的系统"X- 消防系统 _F1"；并为管道设置线颜色和系统材质，以方便识别或编辑，如图 9-62 所示。

2. 管道系统转化

（1）切换到视图"F1"，单击"建筑大师（机电）"→"CAD 转化"→"管道转化"，在弹出的"管道系统转化"对话框中，提取横管层和横管标注层，如图 9-63 所示，并单击"开始识别"按钮。

（2）在调出的"转化预览"对话框中，将管道系统、系统类型和管道类型等参数与 CAD 文件一一对应，如图 9-64 所示。

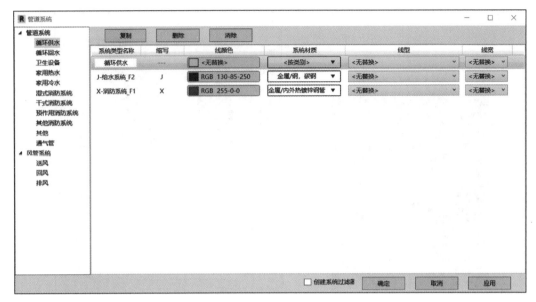

图 9-62 设置管道系统

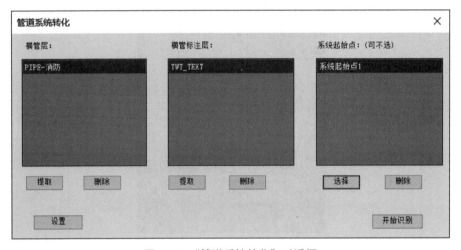

图 9-63 "管道系统转化"对话框

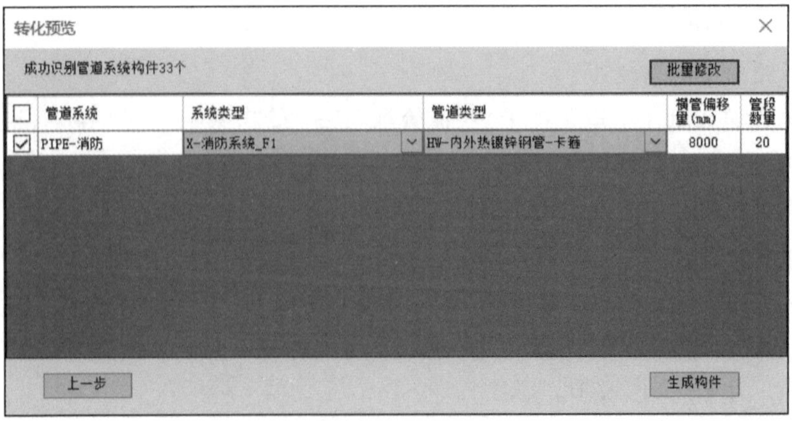

图 9-64 转化预览

（3）生成后的消防管网需要检查管道直径、高程是否正确，并保证管道的连接关系正确，如图 9-65 所示。

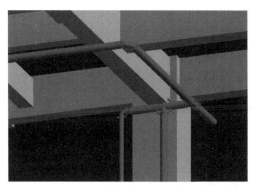

图 9-65　检查管道的连接关系

（4）过滤器设置消防管道的颜色。打开链接的结构模型，查看消防管道在三维模型中的位置关系，如图 9-66 和图 9-67 所示。

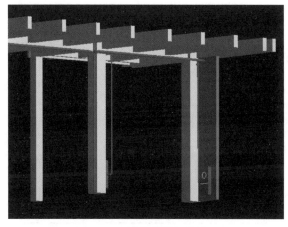

图 9-66　消防管网三维图 1

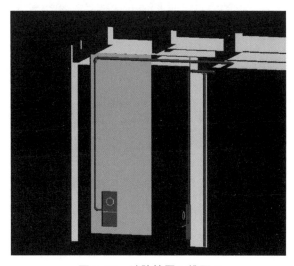

图 9-67　消防管网三维图 2

9.7 绘制喷淋管道

本节介绍链接 CAD 和快速创建喷淋管道的操作方法。

9.7.1 创建平面视图

在项目浏览器中，复制平面视图"F2_8.95"，并重命名为"F2_8.95 喷淋"。在"属性"对话框中，将规程改为"协调"，子规程改为"卫浴"，如图 9-68 所示。

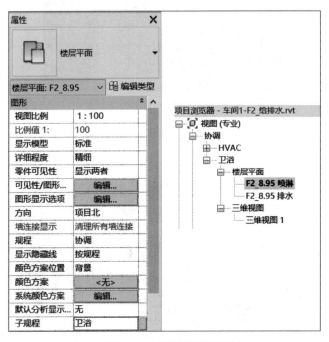

图 9-68　创建平面视图

将"属性"对话框中的视图范围修改成可看到楼板底的排水管，如图 9-69 所示。

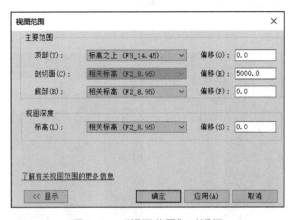

图 9-69　"视图范围"对话框

9.7.2 链接 Revit 结构模型

单击"插入"选项卡→"链接"→"链接 Revit"按钮，打开"导入 / 链接 RVT"对话框，在"定位"下拉列表中选择"自动 - 原点到原点"选项，其他采用默认设置，如

图9-70所示。单击"打开"按钮,将结构模型"车间1-F2_结构.rvt"链接至项目文件中。

图 9-70 链接模型文件

9.7.3 链接 CAD 图纸

(1)打开"车间 1-F2_ 给排水"模型文件,选择"链接"选项卡,单击"链接"面板中的"链接 CAD"按钮,如图 9-71 所示。

图 9-71 "链接"选项卡

(2)在调出的"链接 CAD 格式"对话框中选择"二层喷淋平面图 _t3.dwg"文件,在"导入单位"选项中选择"毫米"选项,设置"放置于"为"F2_8.95",如图 9-72 所示。

图 9-72 "链接 CAD 格式"对话框

9.7.4 创建自喷淋管网

本小节结合 Revit 软件和红瓦插件介绍绘制自喷淋管网的方法。

1. 创建管道系统

单击"建筑大师（机电）"→"快捷管综"→"管道系统"，弹出"管道系统"对话框，根据已有的"湿式消防系统"复制新的系统"ZP-湿式消防系统 -F2"；并为管道设置线颜色和系统材质，以方便识别或编辑，如图 9-73 所示。

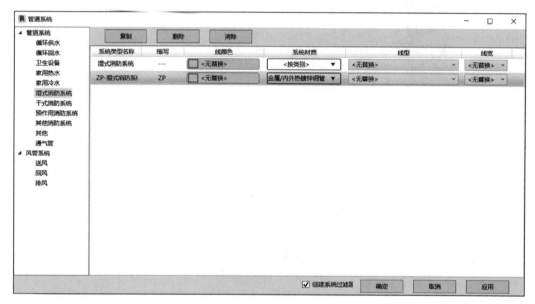

图 9-73　创建管道系统"ZP- 湿式消防系统 -F2"

2. 管道系统转化

（1）单击"建筑大师（机电）"→"CAD 转化"→"喷淋系统转化"，在弹出的"喷淋系统转化"对话框，提取管线层、喷头层和标注层，如图 9-74 所示，并单击"开始识别"按钮。

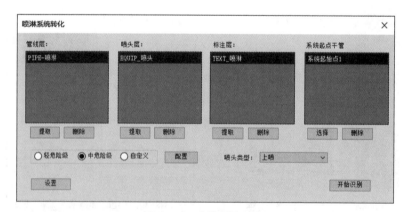

图 9-74　喷淋系统转化

（2）在调出的"转化预览"对话框中，将喷淋系统、系统类型和管道类型等参数与 CAD 文件一一对应，如图 9-75 和图 9-76 所示。

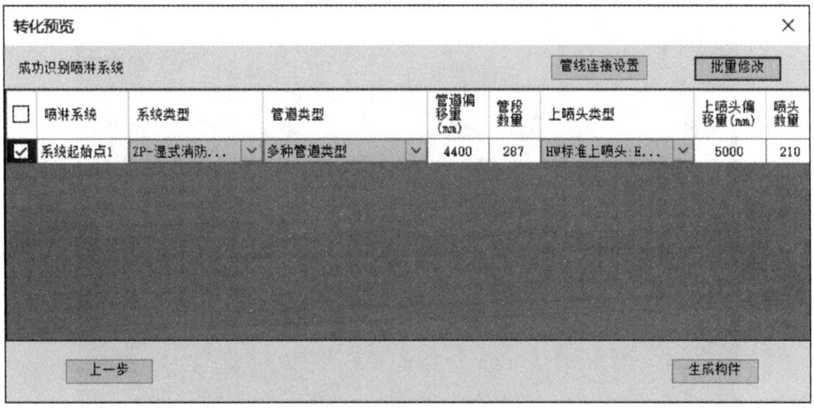

图 9-75 "转化预览"对话框

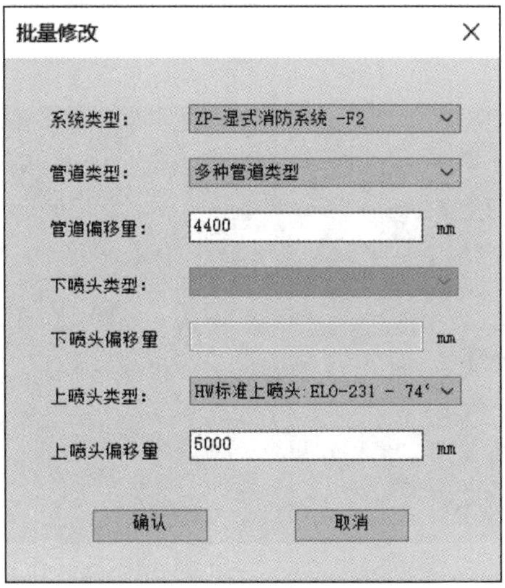

图 9-76 "批量修改"对话框

（3）通过识别成功转化，共生成 988 个喷淋系统实例，如图 9-77 所示。

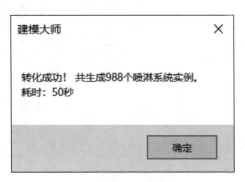

图 9-77 喷淋系统实例识别成功

3. 管道显示

转换至三维视图，过滤器设置消防管道的颜色，观察喷淋系统的创建结果，如图 9-78～图 9-80 所示。

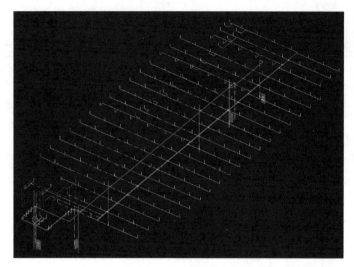

图 9-78　三维视图 1

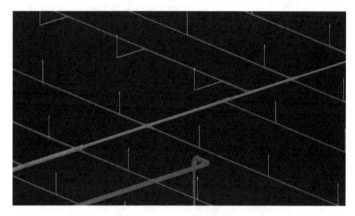

图 9-79　三维视图 2

图 9-80　三维视图 3

学习笔记

本章微课

快速管道设置和管道创建

第 10 章　Revit 案例——某地库项目

【思维导图】

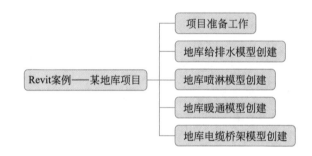

【教学目标】

本章以某地库项目为例，介绍地库机电安装 BIM 的创建流程和操作方法。首先创建项目基准模型文件，然后分别创建地库给水排水模型、地库喷淋模型、地库暖通模型和地库电缆桥架模型等。

【教学要求】

能 力 目 标	知 识 目 标	权重
掌握样板文件和基准模型文件创建；掌握创建管道系统和风管参数配置	链接 CAD 图纸、管道系统、布管系统参数配置、过滤器等	15%
掌握红瓦插件快速创建机电系统模型的能力	熟悉建模大师机电模块功能	15%
掌握创建给排水系统模型的能力	给排水施工图识读；管道系统（水平管、立管）转化；管道附件转化、设备连接等	20%
掌握创建喷淋系统模型创建	喷淋系统施工图识读；喷淋系统转化、管道放坡；标高调整、管线碰撞、空间翻弯等	20%
掌握创建暖通系统模型创建	暖通工程施工图识读；风管模型转化、风口转化、设备连接等	20%
掌握创建电缆桥架模型创建	电气工程施工图识读；电缆桥架转化以及初步深化设计等	10%

10.1　项目准备工作

本节以某地库项目为例，介绍样板文件和基准模型文件。在本项目中包含给排水模型、喷淋模型、电缆桥架模型和暖通模型，对每一个专业模型将单独创建项目文件。

10.1.1　样板文件创建

1. 新建项目

单击"文件"→"项目"按钮，打开"新建项目"对话框，"样板文件"选择"构造样板"，"新建"选择"项目样板"，如图 10-1 所示，单击"确定"按钮，进入项目"标高 1"平面视图。

图 10-1　创建地库样板文件

2. 创建项目标高

单击"项目浏览器"→"立面"视图→"东"立面视图，根据图纸信息创建标高：–0.100（地库顶板）；–5.250［地库底板（建筑）］；–5.350［地库底板（结构）］，如图 10-2 所示。

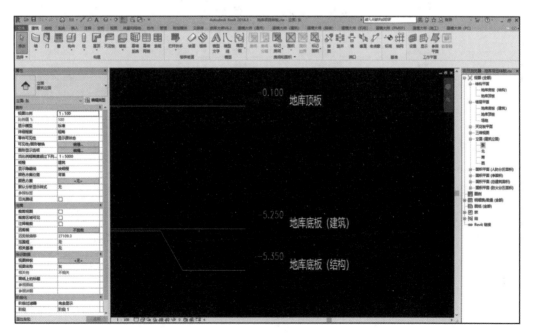

图 10-2　创建项目标高

3. 创建管道系统

单击"项目浏览器"→"族"→"电缆桥架"→"带配件的电缆桥架";通过复制"槽式电缆桥架"创建"弱电桥架""照明线槽""消防桥架""电缆托盘";通过复制"梯级式电缆桥架"创建"梯形桥架",如图 10-3 所示;并在"视图"→"可见性/图形"中创建电缆桥架过滤器。

单击"建模大师(机电)"选项卡→"快捷管综"面板→"管道系统",在已有的管道系统及风管系统可通过复制创建新的管道系统,并设置系统缩写,依据机电模型构件

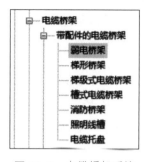

图 10-3 电缆桥架系统

颜色标注标准配置线颜色,根据给排水施工设计说明中管材及连接设置管道材质的信息配置管道材质,单击下方"创建系统过滤器",可将创建的系统参数同步到过滤器,如图 10-4 所示。

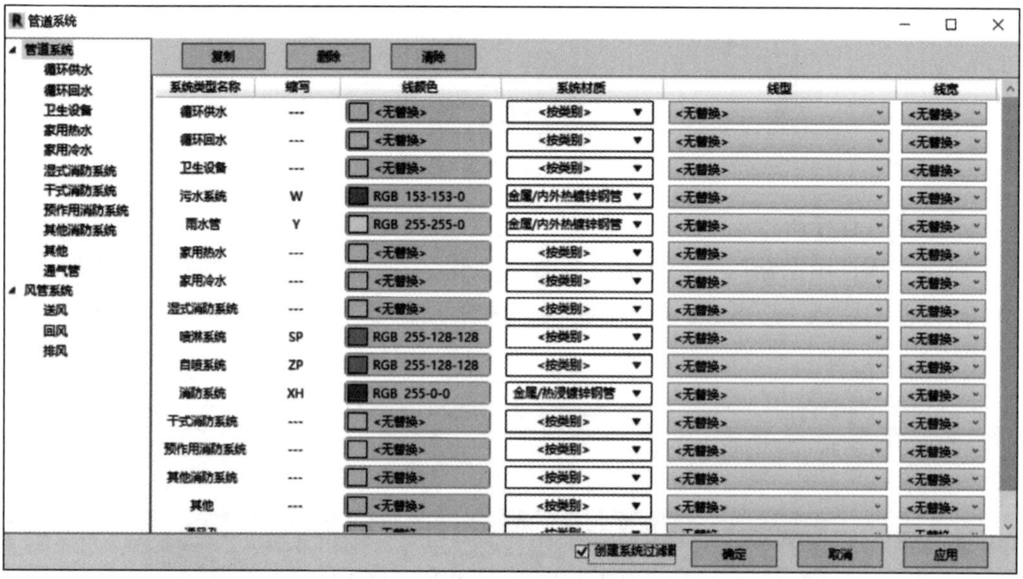

图 10-4 管道系统创建

在过滤器中依据机电模型构件颜色标注标准设置填充图案,最终过滤器设置如图 10-5 所示。

4. 布置管道管件

单击"系统"选项卡→"HVAC"面板→"风管"命令,在属性栏中选择"矩形风管",单击"编辑类型",在"管件"→"布管系统配置"中单击"编辑",将相关弯头等管件载入项目样板文件,如图 10-6 所示,同理,完成"电缆桥架""管道"的管件配置。

配置完成后单击"文件"→"另存为"→"样板",保存为"地库项目样板"文件。

图 10-5　管道系统过滤器

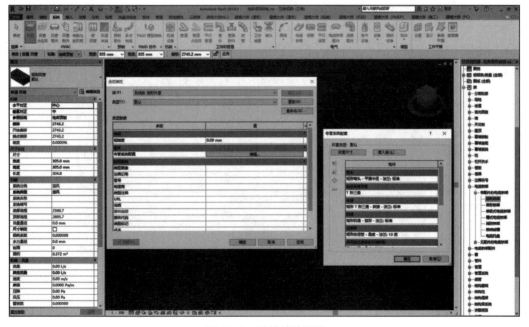

图 10-6　风管管件配置

10.1.2 创建基准模型文件

本项目中模型将依据建模规范标准，不同专业单独创建模型，因此为方便全专业模型整合，将创建基准模型，包含标高、轴网等基准参数。打开 Revit 2018，单击"新建"按钮，"样板文件"中单击"浏览 ..."，选择创建好的"地库项目样板 .rte"文件，选择新建"项目"，如图 10-7 所示，单击"确定"按钮，创建基准模型文件。

进入"地库顶板（结构）"平面视图，单击"建模大师（建筑）"选项卡→"CAD转化"面板→"链接 CAD"，将结构图纸中"地下室底板平面布置图"链接到项目文件中，单击"轴网转化"功能，如图 10-8 所示，提取 CAD 底图中的轴线层、轴符层，完成轴网转化，如图 10-9 所示。

图 10-7　新建基准模型项目

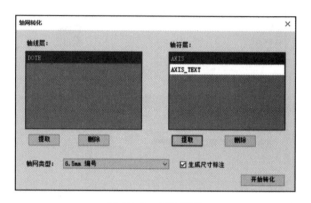

图 10-8　轴网转化

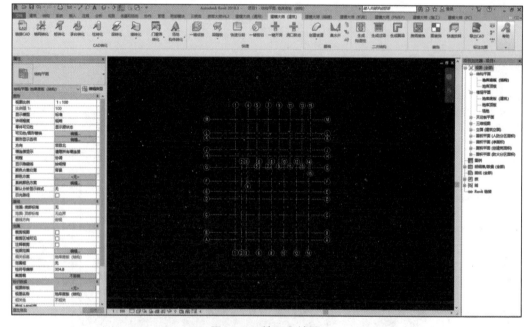

图 10-9　地下室轴网

将项目保存，命名为"地库项目基准模型"，后续的模型创建可直接复制基准模型，无须重新创建过滤器、轴网和标高。

10.2　地库给排水模型创建

（1）复制"地库项目基准模型"，重命名为"地库－给排水模型"。

（2）双击打开"地库－给排水模型"文件，在"项目浏览器"中单击"楼层平面"→"地库底板（建筑）"进入平面视图，通过"链接 CAD"功能，将"给排水平面图"链接到项目文件，并与轴网对齐，选择链接的 CAD 图纸，设置为"前景"，如图 10-10 所示。

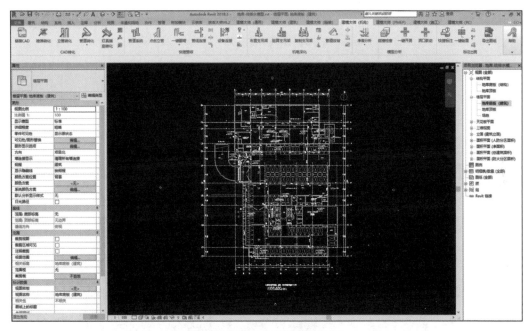

图 10-10　链接给排水平面图

（3）消火栓箱设备转化。通过族库大师载入族"单栓室内消火栓箱"，在"建筑"→"构件"选择管径 65 的族，根据给排水施工设计说明创建名称为"SG24B65Z-J"的族实例，单击"建模大师（机电）"→"CAD 转化"→"设备转化"，提取消火栓箱图块，选择"SG24B65Z-J"族类型，放置方式选择"输入标高"，根据说明将标高偏移设置为"1100mm"，单击"生成构件"按钮，如图 10-11 所示，创建完成后，通过"旋转"调整消火栓箱的方向，如图 10-12 所示。

（4）消防管道转化。在"地库底板（建筑）"平面视图中单击"建模大师（机电）"→"CAD 转化"→"管道转化"，在"管道系统转化"页面，提取消防管道横管层、横管标注层，如图 10-13 所示。单击"开始识别"，在"转化预览"页面，将"系统类型"修改为"消防系统"，"管道类型"修改为"HW- 内外热镀锌钢管－卡箍"，"横管偏移量"依据图纸中的"人防地下室消火栓系统展开图"设置为"2500mm"，当有多个管道系统时，可批量修改，如图 10-14 所示。单击"生成构件"按钮，当管道创建成功后，将连接消火栓箱的支管管径修改为"65mm"。

根据"人防地下室消火栓箱系统展开图"可知，本项目在层高 5.25m 的区域内，管道标高为"H+3.8m"，可链接地库建筑模型，确定层高 5.25m 的区域，单击"建模大师（机电）"→"快捷管综"→"管线打断"，将完成的管道系统在层高变化的区域打断，

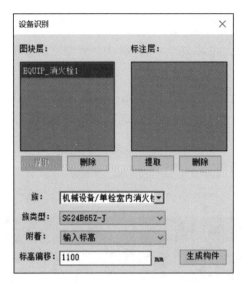

图 10-11　消火栓箱转化

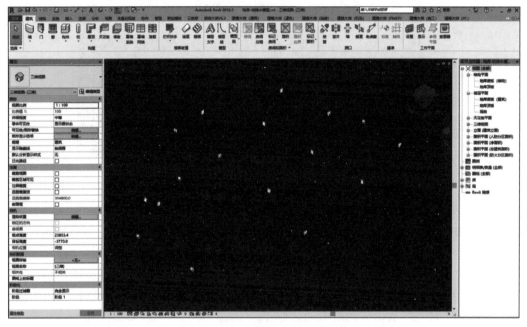

图 10-12　消火栓箱模型

单击层高 5.25m 区域内的管道，将管道偏移量修改为 "3800mm"，单击 "建模大师（机电）" → "快捷管综" → "管线连接"，在断开的位置创建立管并连接管道，如图 10-15 所示。

（5）管道附件转化。在图纸中可看到消防管道布置有附件 "明杆铜芯闸阀"，在族库大师载入 "闸阀 - 明杆楔式 -50-300mm"，单击 "建模大师（机电）" → "CAD 转化" → "附件转化"，依据管径选择 "150mm" 族类型，附着方式选择 "连接管线"，单击 CAD 图纸中的闸阀图块，可自动识别整个项目中的闸阀，单击 "确定" 按钮完成转化，如图 10-16 所示，查看模型并对附着在 65mm 管径的附件修改管径参数为 "65mm"。

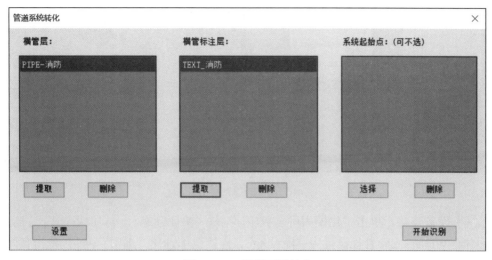

图 10-13 管道系统转化

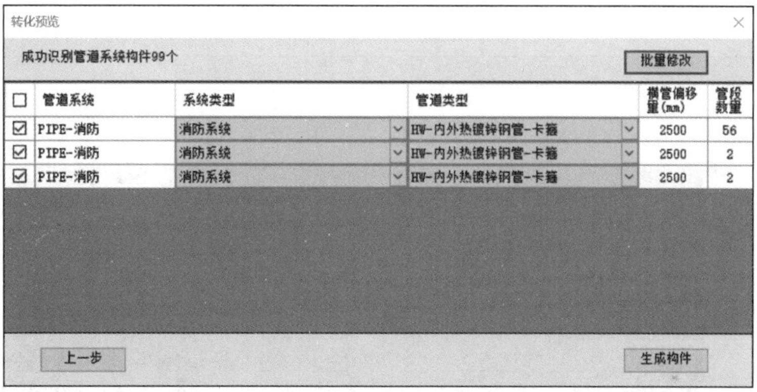

图 10-14 转化预览

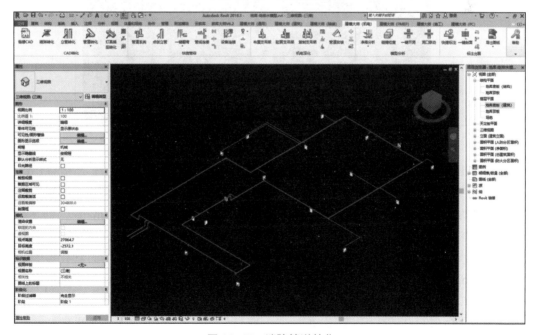

图 10-15 消防管道转化

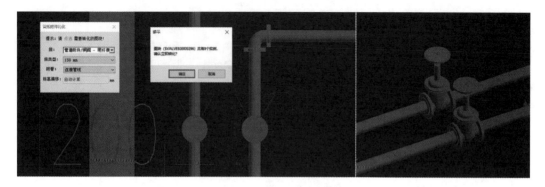

图 10-16　管道附件转化

（6）设备连接。单击"建模大师（机电）"→"快捷管综"→"设备连接"，选择"消火栓"功能，支管管径设置为"随设备"，连接范围选择"选中官网"，单击官网中的一段管线，在框选项目中的消火栓箱中单击"一键连接"，完成消火栓箱与消防管道的连接，如图 10-17 所示。

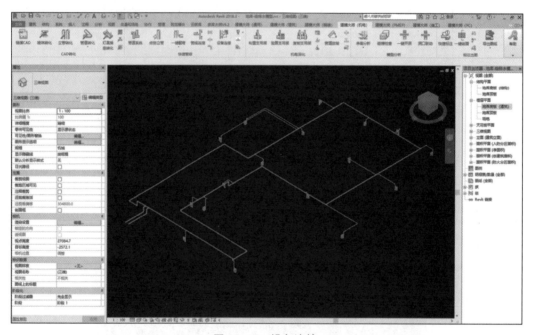

图 10-17　设备连接

（7）集水坑排污模型创建。以"B3-07# 集水坑"为例，载入族"污水泵 -JYWQ 型 - 固定自耦式"，根据设计说明选择"50mm-23CMH-12m"类型，将族放置于图纸中图例的位置，当前基于底板建筑标高，因此偏移量设置为"-1600mm"。创建剖面视图，在剖面视图中单击设备绘制立管，并将管道系统设置为"污水系统"，依据图纸载入族"可曲挠橡胶头""水表""止回阀"和"普通闸阀"，将族的管径参数设置为"65mm"，与管道连接，偏移量依次设置为"600mm""800mm""1000mm"和"1300mm"，可将管道与附件创建组通过复制命令快速创建另一侧管道设备。

在平面视图绘制横管，管道偏移值为"1800mm"，单击"建模大师（机电）"→"快捷管综"→"管线连接"，选择"手动连接"→"水管"→"弯头"→"弯头 - 法兰"，将横管与梁侧的管线连接，如图 10-18 所示，另一侧选择"变径三通－法兰"创建管道三通，依据图纸将立管管径修改为"80mm"，高度延伸至"3300mm"，依据图纸完成剩余管道部分模型，最终模型如图 10-19 所示。

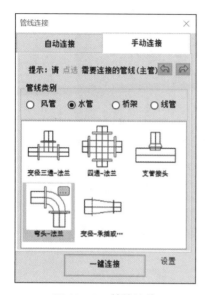

图 10-18　管线连接

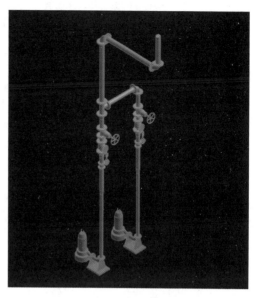

图 10-19　B3-07# 集水坑模型

完成其余集水坑内排污模型的创建，最终创建的地库-给排水模型如图 10-20 所示。

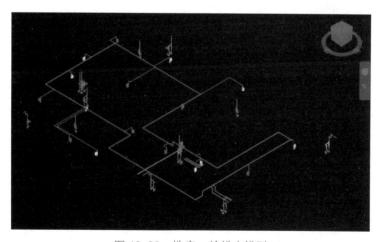

图 10-20　地库－给排水模型

10.3　地库喷淋模型创建

（1）复制"地库项目基准模型"，重命名为"地库－喷淋模型"。

（2）双击打开"地库－喷淋模型"文件，在"项目浏览器"中单击"楼层平面"→"地库底板（建筑）"进入平面视图，通过"链接CAD功能"，将"喷淋平面图"链接到项目文件，并与轴网对齐，选择链接的 CAD 图纸，设置为"前景"，如图 10-21 所示。

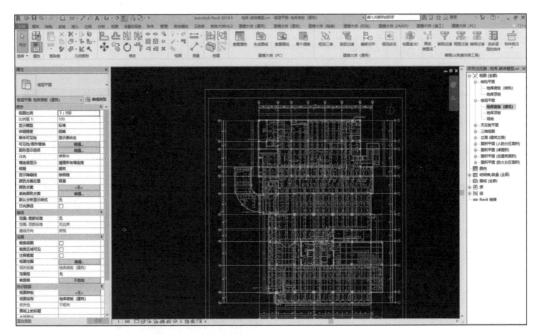

图 10-21 链接喷淋平面图

（3）喷淋管道转化。单击"建模大师（机电）"→"CAD 转化"→"喷淋系统转化"，提取图纸中管线层、喷头层和标注层，选择"系统起点干管"（注：本项目喷淋系统在三个区域），根据设计详图可知，本项目喷头类型为"上喷"，转化界面如图 10-22所示，单击"开始识别"。

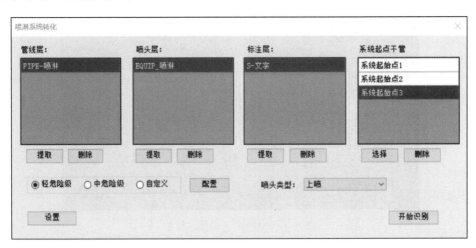

图 10-22 喷淋系统转化

在"转化预览"页面，将"系统类型"修改为"喷淋系统"，"管道类型"设置为"多种管道类型"，可在"管线连接设置"中对不同管径的管道类型进行设置，依据"人防地下室喷淋系统展开图"将管道偏移量设置为"2700mm"，上喷头偏移量设置为"3300mm"，当有多个管道系统时，可使用"批量修改"快速调整，如图 10-23 所示，单击"生成构件"。

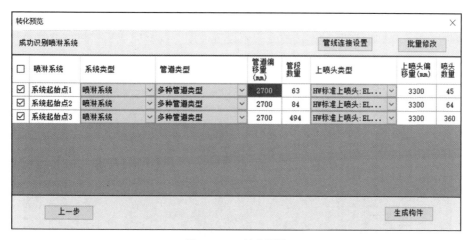

图 10-23　转化预览

（4）喷头调整。切换到三维视图，将建筑结构模型链接到当前项目，为方便查看可将识图属性中的规程设置为"机械"，单击"建模大师（机电）"→"快捷管综"→"喷头调整"，选择"喷头随板"功能，"构建位置"选择"链接模型中"，"上喷头距板偏移量"设置为"100mm"，框选项目中的喷头构件，再单击链接模型，之后框选建筑结构模型中的板构件，可实现喷头位置的自动调整，如图 10-24 所示。

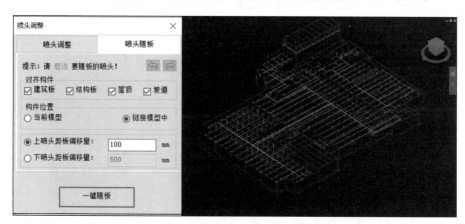

图 10-24　喷头随板

（5）管道标高调整。根据"人防地下室喷淋系统展开图"可知，本项目在层高 5.25m 的区域内，管道标高为"H+4.0m"，根据链接的地库建筑模型，确定层高 5.25m 的区域，单击"建模大师（机电）"→"快捷管综"→"管线打断"，将完成的喷淋管道在层高变化的区域打断，单击层高 5.25m 区域内的管道，将管道偏移量修改为"4000mm"，单击"建模大师（机电）"→"快捷管综"→"管线连接"，在断开的位置创建立管并连接管道，如图 10-25 所示。

（6）管道放坡。依据图纸可知，在坡道位置的喷淋管道设置有随坡道 15% 的坡度值。单击"建模大师（机电）"→"快捷管综"→"管线打断"，将需要设置坡度的管道部分断开，单击"建模大师（机电）"→"机电深化"→"管道放坡"，选择坡道方向为"向上坡"，起坡点偏移量为"随管道标高"，坡度设置为"同一坡度：15%"，单击需要放坡的管道，再单击放坡方向，之后可通过提示选择"断开连接"对连接的支管进行放坡，或选择"取消"对连接的支管不设置坡度。调整完成后，将放坡管道与主管道连接，最终坡道内喷淋管道如图 10-26 所示。

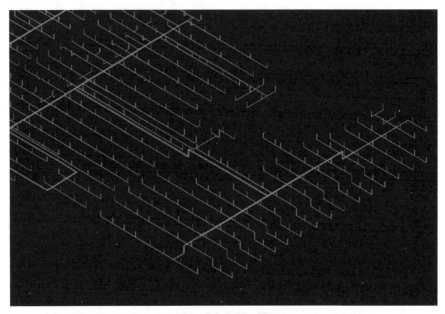

图 10-25　管道标高调整

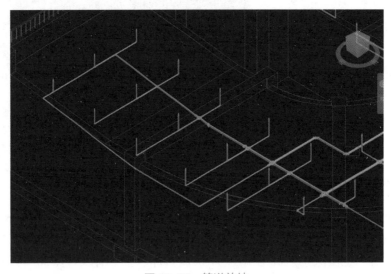

图 10-26　管道放坡

（7）创建末端试水装置。在族库大师中载入族"末端试水装置"，依据图纸放置在图例的位置，将族的偏移量设置为"1500mm"，单击上方的横管（管道标高 2700mm），将偏移量设置为"1500mm"创建向下翻弯的管道，并创建剖面视图，将管道与末端试水装置连接，如图 10-27 所示。

（8）自喷模型转化。单击"建模大师（机电）"→"CAD 转化"→"管道转化"，提取图纸中的横管层、横管标注层，管道系统可不选择系统起始点，如图 10-28 所示。

图 10-27　布置末端试水装置

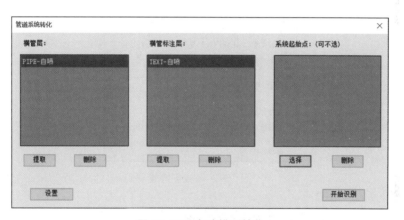

图 10-28　自喷模型转化

在"转化预览"页面，将"系统类型"修改为"自喷系统"，"管道类型"设置为"HW-内外热镀锌钢管-卡箍"，依据"人防地下室喷淋系统展开图"将管道偏移量设置为"2700mm"，当前有多个管道系统，可使用"批量修改"快速调整，如图 10-29 所示，单击"生成构件"。创建完成后，可参考链接的"地库-建筑结构模型"，对 5.25m 区域内的自喷管道进行标高调整。

在"湿式报警阀间"使用"建模大师（机电）"→"快捷管综"→"点创立管"的功能创建 Z1-Z5 管道立管，"管线类型"设置为"水管"，"管道类型"设置为"HW-内外热镀锌钢管-卡箍"，"系统类型"为"自喷系统"，"管径"设置为"DN150"，"立管标高"设置底偏移"200mm"、顶偏移"3000mm"，如图 10-30 所示。

（9）雨水管道创建。在此通过手动绘制创建雨水管道模型，单击"系统"→"卫浴和管道"→"管道"，选择管道类型为"HW-内外热镀锌钢管-卡箍"，系统类型设置为"雨水管"，管道偏移量设置为"1000mm"，根据 CAD 图纸雨水管道完成模型创建，并与创建的自喷管道立管连接，如图 10-31 所示。

图 10-29　自喷模型转化预览

图 10-30　点创立管

图 10-31　雨水管道模型

（10）喷淋模型优化调整。当创建完成喷淋模型的喷淋管道、自喷管道和雨水管道后，依据设计标高，不同系统的管线发生了碰撞，如图 10-32 所示。

单击"建模大师（机电）"→"快捷管综"→"一键翻弯"，依据管综深化原则：①小口径管避让大口径管；②管线尽量上翻，以免形成积水等，将"起翻高度"设置为"200mm"，"起翻方向"设置为"向上"，"起翻角度"设置为"90°"，当提示翻弯管道失败时可调整起翻高度或者起翻角度，如图 10-33 所示，完成整个模型碰撞点调整。

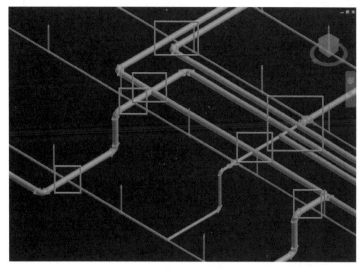

图 10-32　管线碰撞

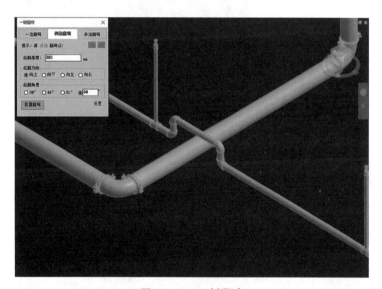

图 10-33　一键翻弯

　　通过翻模快速创建的模型，依据喷淋平面图、人防地下室喷淋系统展开图，将创建的喷淋管道与自喷管道连接，并结合图纸对有问题的地方进行调整，调整后的模型如图 10-34 所示。

　　（11）管道附件创建。在图纸中可看到管道管件包含"明杆铜芯闸阀""信号阀""71mm 减压孔板""水流指示器""普通闸阀""水表""安全阀"和"流量计"，在族库大师将相应族文件载入项目中。以转化附件"明杆铜芯闸阀"为例，单击"建模大师（机电）"→"CAD 转化"→"附件转化"，"族"选择"管道附件 / 闸阀"，"族类型"选择"明杆铜芯闸阀"，"附着"方式选择"连接管线"，单击 CAD 图纸中的闸阀图块，可自动识别整个项目中的闸阀，共计 15 例，单击"确定"完成转化，如图 10-35 所示，完成其余管道附件的转化，如图 10-36 所示。

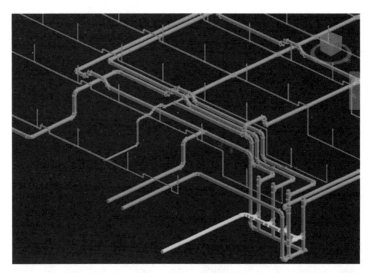

图 10-34 模型调整

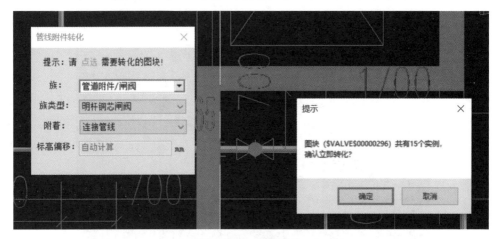

图 10-35 闸阀转化

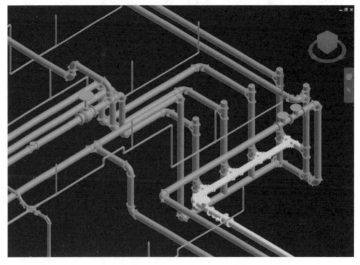

图 10-36 管道附件转化

（12）喷淋系统模型转化完成，如图 10-37 所示。

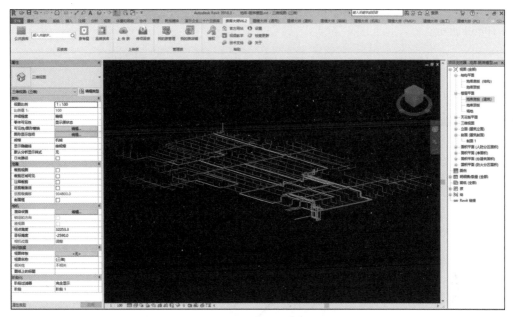

图 10-37　地库 – 喷淋模型

10.4　地库暖通模型创建

（1）复制"地库项目基准模型"，重命名为"地库 – 暖通模型"。

（2）双击打开"地库 – 暖通模型"文件，在"项目浏览器"中单击"楼层平面"→"地库底板（建筑）"进入平面视图，通过"链接 CAD 功能"，将"通风平面图"链接到项目文件，并与轴网对齐，选择链接的 CAD 图纸，设置为"前景"，如图 10-38 所示。

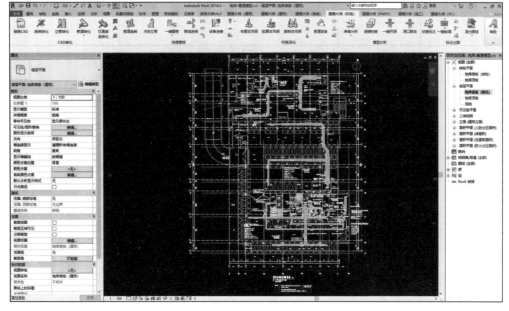

图 10-38　通风平面图

（3）风管模型转化。以防烟分区"B3-2"为例。单击"建模大师（机电）"→"CAD转化"→"风管转化"，提取风管管线层、标注层，"对齐方式"选择"底部齐平"，如图 10-39 所示。

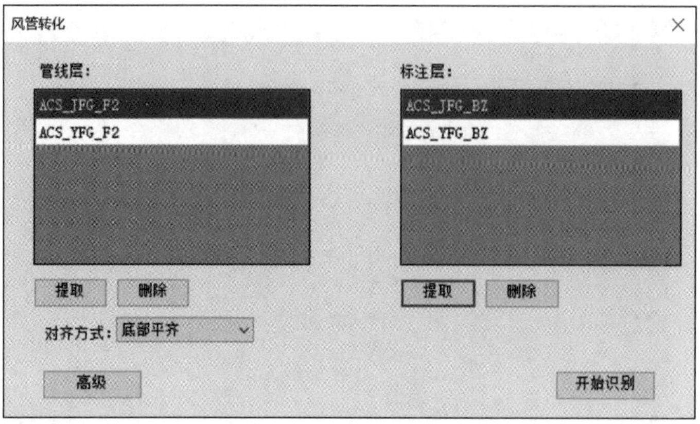

图 10-39 "风管转化"对话框

在转化预览页面，将"系统类型"选择为"排风（烟）"，"管道类型"为"矩形风管：HW 标准风管"，偏移量依据图纸信息"本防烟分区排风（烟）风管底标高为h+3.7m"设置为"3700mm"，对局部降板区域的风管之后做调整，当提取的管线较多时可批量修改，如图 10-40 所示。

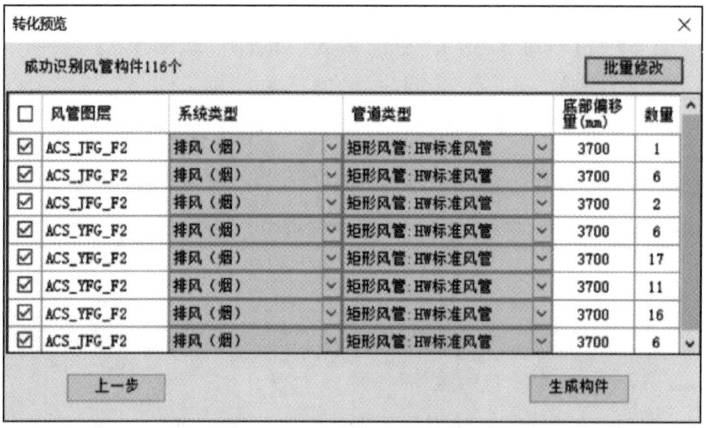

图 10-40 风管转化预览

转化完成后，依据图纸，单击"建模大师（机电）"→"快捷管综"→"管线打断"对创建好的风管进行拆分，并依据设计标高调整不同位置的风管底标高。通过"建模大师（机电）"→"快捷管综"→"管线连接"功能将不同高度风管管道连接。同时根据图纸修改创建好的风管连接件，保证创建的模型更符合设计图纸内容，如选择相应角度值的变径管管件、风管三通连接件族等。调整完成后，B3-2 区域内风管模型如图 10-41所示。

（4）风管箱模型创建。根据"排烟风口安装节点大样图"在风管上方有风管箱模型，打开"地库底板（建筑）"平面视图，单击"建模大师（机电）"→"快捷管综"→"点创立管"，"管线类型"选择"矩形风管"，"风管类型"选择"HW 标准风

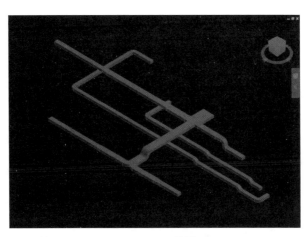

图 10-41　风管模型

管","系统类型"选择"排风（烟）","宽 * 高"设置为"900*300mm","角度"设置为"0°","立管标高"中底偏移为"4100mm"，顶偏移为"4400mm"，单击图中风管箱图例位置，如图 10-42 所示。

载入族"百叶风口 - 矩形 - 防雨"，创建尺寸为"700*200mm"族类型，布置在风管立管模型两侧，框选风管立管及风口模型，在"修改"→"创建"→"创建组"创建风管箱组模型，如图 10-43 所示。通过复制快速创建其余位置风管箱模型，注意不同位置风管箱标高，风管箱组模型允许放置在风管上表面。

图 10-42　点创立管

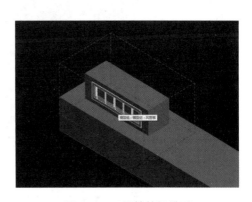

图 10-43　风管箱组模型

（5）风管附件转化。在图纸中可看到管道管件包含"排烟防火阀""自垂百叶送风口"和"手动对开多页调节阀"，在族库大师将相应族文件载入项目中。以转化附件"排烟防火阀"为例，单击"建模大师（机电）"→"CAD 转化"→"附件转化"，"族"选择"风管附件 / 防火阀 - 矩形 - 电动 -70°","族类型"选择"标准","附着"方式选择"连接管线"，单击 CAD 图纸中的排烟防火阀图块，可完成风管附件转化，如图 10-44 所示。

单击"建模大师（机电）"→"CAD 转化"→"风口转化","族"选择"风道末端 / 百叶风口 - 矩形 - 自垂 - 主体","族类型"选择"1000*400","附着"方式选择"附着风管底"，单击 CAD 图纸中的风口图块，完成风口转化，如图 10-45 所示。

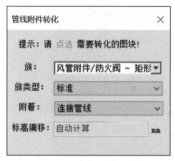

图 10-44　风管附件转化

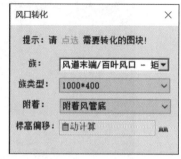

图 10-45　风口转化

　　（6）风管末端设备创建。根据"防烟分区 B3-2 排风排烟机房平面图"，通过族库大师载入族"消声静压箱"。创建尺寸为"2200*1200*1100（H）"的消声静压箱族类型。将消声静压箱风管半径修改为"450mm"，将风管宽度修改为"2000mm"，高度修改为"400mm"，在消声静压箱两侧分别创建 2000*400mm 的矩形风管及 D900mm 的圆形风管。选择消声静压箱连接的矩形风管，偏移量设置为"3900mm"，将消声静压箱与风管主管连接。通过"附件转化"功能创建圆形风管附件有"280° 圆形防火阀""止回阀"和"消防高温排烟轴流通风机"，如图 10-46 所示。

　　（7）完成整个项目风管模型，如图 10-47 所示。

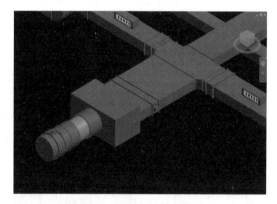

图 10-46　风管末端设备创建

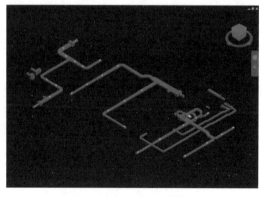

图 10-47　地库风管模型

10.5　地库电缆桥架模型创建

（1）复制"地库项目基准模型"，重命名为"地库－电缆桥架模型"。

（2）双击打开"地库－电缆桥架模型"文件，在"项目浏览器"中单击"楼层平面"→"地库底板（建筑）"进入平面视图，通过"链接 CAD 功能"，将"地下室平时照明平面图"链接到项目文件，并与轴网对齐，选择链接的 CAD 图纸，设置为"前景"，如图 10-48 所示。

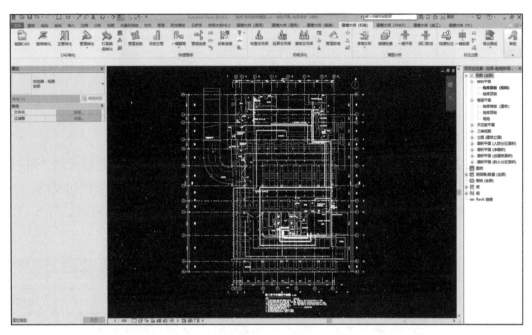

图 10-48　地下室平时照明平面图

（3）电缆桥架转化。单击"建模大师（机电）"→"CAD 转化"→"桥架转化"，提取图纸中桥架线层、标注层，依据图纸 CAD 绘制方式为"双线绘制"，对齐方式为"顶部平齐"，如图 10-49 所示。

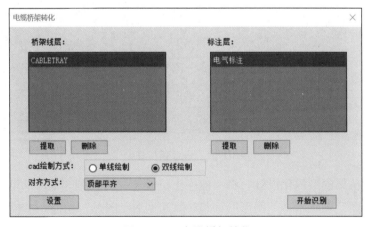

图 10-49　电缆桥架转化

在"转化预览"页面，将"电缆桥架类型"选择为"带配件的电缆桥架：消防桥架"，根据设计，桥架为"梁下 0.1m 安装"，在"转化预览"页面设置"偏移量"为"2800mm"，之后再依据链接的土建模型对桥架进行调整，当识别的电缆桥架为多个系统时，可批量修改参数，如图 10-50 所示。

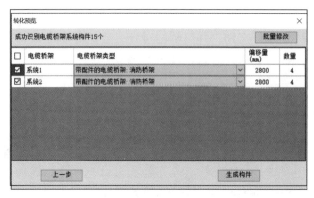

图 10-50　电缆桥架转化预览

转换完成后，对创建的电缆桥架模型进行检查，对尺寸错误或未连接的部分进行修改。通过转化功能完成其余电缆桥架模型创建（照明桥架、弱电桥架、照明线槽、电缆托盘和梯形桥架）。为方便区分，可分别设置不同偏移量，最终桥架模型如图 10-51 所示。

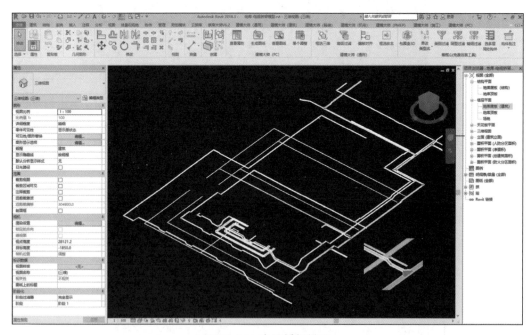

图 10-51　电缆桥架模型

（4）电缆桥架模型深化设计。将"地库土建模型"链接到"地库–电缆桥架模型"中，单击"视图"选项卡→"图形"面板→"可见性/图形"功能→"模型类别"，通过可见性设置将楼板、柱和墙等构件隐藏，只保留结构框架，并将结构框架透明度设置为"50%"，通过剖面框剖切多余梁模型，最终模型三维视图显示如图 10-52 所示。

通过梁底标高及设计"梁下 0.1m 安装"，对电缆桥架进行深化设计，当遇到截面尺寸较大的梁构件时，可通过"管线打断"的命令对电缆桥架进行拆分，调整电缆桥架模型偏移量，并通过"管线连接"功能对不同高度的电缆桥架模型进行链接，依据 BIM 机电管线深化设计要求完成电缆桥架模型深化设计，如图 10-53 所示。

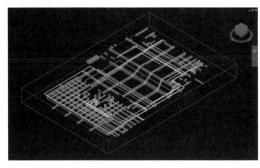
图 10-52　链接土建模型

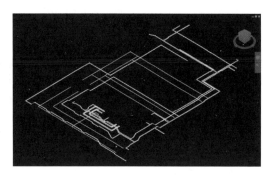
图 10-53　电缆桥架深化设计

学习笔记

本章微课

电缆桥架的绘制

地库基准模型创建

地下室筏板、
柱墩模型创建

参 考 文 献

[1] Autodesk Asia Pte Ltd.Autodesk Revit 2015 机电设计应用宝典[M]. 上海：同济大学出版社，2015.

[2] CAD/CAD/CAE 技术联盟. Autodesk Revit 2020 管线综合设计从入门到精通 [M]. 北京：清华大学出版社，2021.

[3] 章琛. 机电BIM 进阶101 问[M]. 北京：机械工业出版社，2022.

[4] 傅峥嵘. Autodesk Revit MEP 技巧精选[M]. 上海：同济大学出版社，2015.

[5] 肖春红. Autodesk Revit 中文版实操实练[M]. 北京：电子工业出版社，2016.

Revit 常用命令快捷键